南方丰水区农业水价综合改革理论与实践

浙江省水利河口研究院（浙江省海洋规划设计研究院）

郑世宗　卢　成　黄万勇　张亚东　邱昕恺　著

U0283214

中国水利水电出版社
www.waterpub.com.cn

·北京·

内 容 提 要

　　农业水价综合改革是以促进农业节水、保障农田水利良性运行为主要目标的一项改革工作，作为统筹农村水利改革的"牛鼻子"，具有涉及面广、政策性强、技术复杂等特点。本书是一部关于南方丰水区如何开展农业水价综合改革较为系统的著作，共分五章，主要涉及南方丰水区农业水价综合改革的背景和意义、相关基础理论、省级应用实践及县级典型案例等内容。

　　本书可供从事农村水利管理改革的科技人员、管理人员及高等院校相关专业师生参考使用。

图书在版编目（CIP）数据

　　南方丰水区农业水价综合改革理论与实践 / 郑世宗
等著. -- 北京：中国水利水电出版社，2022.3
　　ISBN 978-7-5226-0478-7

　　Ⅰ. ①南… Ⅱ. ①郑… Ⅲ. ①农村给水－水价－物价
改革－研究－中国 Ⅳ. ①F726.2

　　中国版本图书馆CIP数据核字（2022）第024615号

书　　名	**南方丰水区农业水价综合改革理论与实践** NANFANG FENGSHUIQU NONGYE SHUIJIA ZONGHE GAIGE LILUN YU SHIJIAN
作　　者	浙江省水利河口研究院（浙江省海洋规划设计研究院） 郑世宗　卢　成　黄万勇　张亚东　邱昕恺　著
出版发行	中国水利水电出版社 （北京市海淀区玉渊潭南路 1 号 D 座　100038） 网址：www. waterpub. com. cn E - mail：sales@waterpub. com. cn 电话：（010）68367658（营销中心）
经　　售	北京科水图书销售中心（零售） 电话：（010）88383994、63202643、68545874 全国各地新华书店和相关出版物销售网点
排　　版	中国水利水电出版社微机排版中心
印　　刷	北京市密东印刷有限公司
规　　格	184mm×260mm　16 开本　12.25 印张　298 千字
版　　次	2022 年 3 月第 1 版　2022 年 3 月第 1 次印刷
印　　数	0001—1000 册
定　　价	**88.00 元**

前　言

我国是一个人口大国，也是一个自然地理条件复杂、水土资源不相匹配的农业大国。解决好 14 亿人的吃饭问题，始终是治国安邦的头等大事。水利是农业的基础命脉。农田水利与农业生产、社会稳定紧密相关，是国家粮食安全的基础与保障。进入新时期，一方面，随着国际政治形势的复杂多变，粮食安全的战略地位更加突出，保障农田水利良性运行的需求更加迫切、任务更加艰巨；另一方面，随着经济社会发展，水资源对人口、城市和产业发展及农业生产的约束日益增强，水安全在国家总体安全中的位置更加凸显。农业是我国的用水大户，现状用水量约占全社会总用水量的 60% 以上，用水效率仅有 0.56 左右，节水潜力巨大。推进农业水价综合改革，既是落实"节水优先、空间均衡、系统治理、两手发力"治水思路的必然要求，也是促进农田水利良性运行、保障国家粮食安全的重要举措。

我国水价制度历史悠久，四川都江堰灌区早在公元前 2 世纪就实行了每亩田缴纳 5kg 稻谷的制度。新中国成立以后，在水利、物价等相关部门的共同努力下，先后经历了无偿供水、改革起步、改革发展、改革深化阶段，农业水价改革不断推进。2016 年《国务院办公厅关于推进农业水价综合改革的意见》（国办发〔2016〕2 号）的印发，为新时期推进农业水价综合改革工作指明了方向、提供了基本遵循。该文件要求，用 10 年左右时间完成全国农业水价改革任务；农田水利工程设施完善的地区要加快推进改革，通过 3~5 年努力率先实现改革目标。2017 年国家发展改革委、财政部、水利部、农业部四部门印发《关于扎实推进农业水价综合改革的通知》（发改价格〔2017〕1080 号），要求浙江、江苏、上海、北京等省（直辖市）于 2020 年年底率先完成改革任务。

浙江作为南方丰水地区的典型省份，全省多年平均年降水量超过 1600mm，单位面积水资源量位列全国第四，现状实施农业水价改革面临着"不缺水、不收费、不重视"的困境，改革基础总体比较薄弱。浙江省委、省政府积极响应国家政策，高度重视改革工作，明确由水利部门牵头，发展改革、财政、农业农村等部门共同参与，按照"试点先行、由点及面、边改边推、有序推进"的原则，2016—2017年相继实施了两批近20个试点县市的改革工作；2018年进入"点上突破、面上推进"阶段，累计完成改革面积375万亩；2019年开始大规模推进改革；2020年年底在全国率先完成2018万亩全部改革任务。农业水价综合改革作为统筹农业水利各项改革工作的"牛鼻子"，具有涉及面广、政策性强、技术复杂等特点。作为浙江省农业水价综合改革的主要技术支撑单位，浙江省水利河口研究院从2016年试点工作开始，到2020年完成改革验收，全方位、全过程、全链条参与了相关改革工作，为浙江在全国率先完成改革任务作出重要贡献。期间，上海、福建、江西、广东等省（直辖市）的同行前来浙江进行实地考察和学习交流。

由于水资源禀赋、农业经济地位、灌区基础条件、群众节水意识等之间的差异，决定了北方缺水地区成功的农业水价改革模式并不能完全适应南方丰水区的需求。在改革实施过程中，我们对农业水价综合改革涉及的用水计量、水价形成、精准奖补、信息化管理等主要环节的关键技术问题进行了研究攻关。结合地方实际，遵循"问题导向、目标导向"开展顶层设计，提出了"1223"（"1个原则、2个目标、2条主线、3类措施"）总体改革路径，结合两批试点实践，形成了可复制、可推广的应用模式。

本书就是上述研究成果与改革实践的系统总结。全书共分5章，各章的主要内容如下：

（1）第1章为绪论。论述了我国实施农业水价综合改革的背景，回顾了我国农业水价综合改革的发展历程，分析了南方丰水区开展农业水价综合改革的重要意义。

（2）第2章为农业水价综合改革的相关基础理论。归纳总结了农业水价综合改革主要涉及的价格、补贴、产权、水权等基础理论，重点介绍了相关定义内涵、理论体系及与农业水价改革相关的理论与应用，为南方丰水区农业水价综合改革实践提供理论支持。

（3）第3章为南方丰水区农业水价综合改革的实践应用。以南方丰水区典型省份——浙江省为例，结合农业水价综合改革的相关基础理论，围绕"1223"改革思路与路径，分析了实施农业水价综合改革的存在问题与必要性、指导思想、基本原则、具体改革做法等。

（4）第4章为南方平原河网区农业水价综合改革案例。针对南方平原河网区特点，选择浙北杭嘉湖平原湖州南浔区为案例，详细介绍农业水价综合改革的目标路径、具体做法及改革成效。

（5）第5章为南方山丘区农业水价综合改革案例。针对南方山丘区特点，选择浙中金衢盆地金华市浦江县为案例，详细介绍农业水价综合改革的目标路径、具体做法及改革成效。

在浙江省实施农业水价综合改革过程中，除了全省各地水利、发展改革、财政、农业农村等部门外，还有省内高校院所、水利设计单位、大中型灌区管理单位等相关技术人员，共同参与为农业水价综合改革工作出谋划策。本书的成果是各方共同努力的结果，是集体智慧的结晶。在此，谨代表编写组对相关人员的辛勤付出表示衷心的感谢！

感谢中国灌溉排水发展中心徐成波正高、顾涛正高给予的指导与帮助。

感谢浙江省水利厅农水处钱银芳正高、王亚红正高、林锐、吴伟芬、麻勇进主任科员在研究过程中给予的支持与帮助。特别感谢朱新锋二级调研员给予的指导与帮助！

感谢湖州南浔区水利局沈敏毅总工、郭倩科长，金华浦江水务局楼明政副局长、张晓峰站长在研究过程中给予的支持与帮助。

本书由郑世宗组织编写，卢成、黄万勇、张亚东、邱昕恺参与，由叶碎高正高级工程师审定，参加本书编写及其相关工作的人员还有肖万川、廖春华、翁湛、贾宏伟、肖梦华、胡荣祥、王磊、罗童元、吴自成、蔡佳坊、王雨杰等。

本书是一部以浙江改革经验为原型、扩展到南方丰水区如何实施农业水价综合改革的著作，旨在抛砖引玉、拓宽思路、提供参考，共同推进我国农业水价综合改革工作。由于作者水平有限，书中难免存有疏漏之处，恳请读者批评指正。

作　者

2021 年 10 月

目　　录

第1章 绪 论

特殊的地理与气候条件，决定了发展农业灌溉是我国农业生产不可替代的基础条件，也是保障国家粮食安全的重要支撑。完善的农田水利设施、充足的农业灌溉水量是保障农业灌溉的前提条件，促进农业节水、实现农田水利工程良性运维是我国农业水价综合改革的主要目标。本章通过分析我国水资源利用形势和农田水利现状情况，论述了我国实施农业水价综合改革的背景；回顾了我国农业水价综合改革发展历程；结合南方丰水区实际，分析了开展农业水价综合改革的重要意义。

1.1 我国农业水价综合改革的背景

本节主要从我国水资源总体形势、农业灌溉用水状况及存在的主要问题，农田水利工程建设与管理改革现状及存在的主要问题角度，分析了我国开展农业水价综合改革的相关背景。

1.1.1 我国水资源利用形势

1.1.1.1 水资源总体形势

水是生命之源，生产之要，生态之基。我国水资源主要来自降水，总量较为丰富。据统计，2017 年全国水资源总量为 28761.2 亿 m³，比多年平均值偏多 3.8%。其中，地表水资源量 27746.3 亿 m³，地下水资源量 8309.6 亿 m³，地下水与地表水资源不重复量为 1014.9 亿 m³。2007—2017 年全国水资源变化情况见图 1.1（中华人民共和国水利部，2017），多年平均降雨量为 652.9mm，多年平均水资源总量为 27618.7 亿 m³；水资源总量变化总体不大，与年度降雨量密切相关。

我国地域辽阔，横跨高中低三个纬度区，受季风和自然地理特征的影响，加上区域人口经济等要素资源的分布不均衡，致使水资源存在如下特征。

（1）总量丰富但人均占有量低。根据近年的水资源公报统计，我国多年平均水资源总量约占全球水资源的 6%，仅次于巴西、俄罗斯和加拿大，名列世界第四位，水资源总量相当丰富。但由于我国是人口大国，按 2017 年口径统计人均水资源量不到 2000m³，仅为世

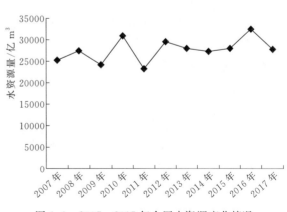

图 1.1 2007—2017 年全国水资源变化情况

界平均水平的 1/4、美国的 1/5，在世界上名列 121 位；扣除难以利用的洪水径流和散布在偏远地区的地下水资源后，我国实际可利用的淡水资源量则更少，人均可利用水资源量约为 900m³，是全球 13 个人均水资源最贫乏的国家之一。

（2）水资源时空分布不均。从空间分布来看，我国水资源分布总体呈现出南多北少、沿海水多西北部水少的特点。我国南方地区，特别是广东、浙江、福建、湖南等地区水系发达、雨量丰沛，其水资源量约占全国总量的 80% 以上，人均水资源占有量达到 4000m³ 左右；北方内蒙古、甘肃、宁夏、新疆西部和北部等地区干旱缺水，水资源严重不足，其水资源量约占全国总量的 14%，人均占有量仅有 900m³ 左右。我国水资源补给的主要来源是降水，分析降水分布特点，其中东南沿海地区、西南部分地区年均降水量达 1600～2000mm，长江中下游地区大部分地区超过 1000mm，淮河流域为 800～1000mm，华北平原和东北平原年降水量为 500～600mm，东北的西部降水仅为 300～400mm，而大西北沙漠区年降水量不足 25mm。由此可见，由于降水的地区分布不均，导致水资源分布地区之间十分不均。从水量时程分配看，由于受季风气候的影响，我国降水与径流在年内分配很不均匀，年际之间变化大。降水的年际变化随季风出现的次数、强弱及其夹带的水汽量在各年有所不同，导致年径流量变化大，而且时常出现连续几年的多水段和少水段。统计各地年最大降水量与最小降水量的比值，其中西南地区小于 2，南方地区 2～3，东部地区 3～4，华北地区 4～6，西北地区（除新疆西北山地外）一般大于 8。受降水分布及地面条件、蒸发量大小、汇流面积等因素的影响，我国河川径流量变化幅度更大，其中长江以南河川的最大径流量与最小径流量的比值一般小于 5，而北方地区可高达 10 以上。南方地区夏季汛期 4 个月的径流量一般占全年的 60%～70%，而北方河流汛期的河川径流更为集中，部分河流的最大 4 个月径流占全年径流的 80% 以上。

（3）水资源与人口、耕地分布不相协调。我国南方地区（包括华南、东南、西南及长江流域）的人口约占全国的 55%，耕地面积约占全国的 36%，但水资源总量占到 80% 以上；而北方地区（包括东北、西北、山东半岛、海河流域、黄河流域、淮河流域等）人口约占全国的 43%，耕地面积约占全国的 58%，但水资源量仅占全国的 14.4%。另外，从单位耕地面积占有水资源量看，南方地区的亩均水量超过 4000m³，而北方地区仅约为 400m³，两者相差近 10 倍。由此可见，我国水资源分布与人口、耕地的分布极不协调。正是这种特点，使得我国南方丰水地区的水资源开发利用程度相对较低，而北方干旱缺水地区，水资源开发利用程度超过了国际公认的警戒线，引发生态环境问题。

1.1.1.2 农业灌溉用水状况

"水利是农业的命脉。""有收无收在于水、多收少收在于肥。"特殊的地理与气候条件，决定了农业灌溉是发展我国农业生产不可替代的基础条件，也是保障国家粮食安全的主要支撑。

2018 我国农业用水量为 3766 亿 m³，占用水总量的 62.3%，是国民经济第一用水大户。分析 2007—2017 年我国农业用水量及占比（见图 1.2 和图 1.3），2007—2017 年我国农业用水量维持在 3600 亿～3900 亿 m³，占比为 61%～64%，是绝对的用水大户，其中灌溉用水量约占农业用水量的90%以上。

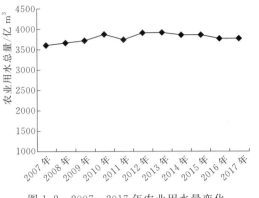

图 1.2 2007—2017 年农业用水量变化

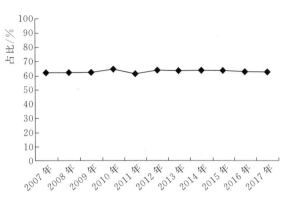

图 1.3 2007—2017 年农业用水量占比变化

由于耕地面积、农业的地位及种植结构等因素影响，南北方不同地区、不同流域、不同省份的农业用水所占用水总量的比例差异性很大。以 2017 年水资源公报统计数据为例，北方六区的农业用水约占区域总用水量比例为 75.2%，南方四区的农业用水占比约为51.6%，南方明显低于北方。从流域情况看，太湖流域的农业用水占比仅有 21.9%，远低于黄河流域的 70% 左右。从省域比较看，地处东南沿海的浙江省 2017 年用水总量为179.5 亿 m^3，其中农业用水量为 80.8 亿 m^3，占用水总量的比例约为 45%，农业灌溉用水约占农业用水比例为 88%；地处西北的宁夏回族自治区 2017 年用水总量为 66.1 亿 m^3，其中农业用水量（主要是灌溉用水）为 56.4 亿 m^3，占用水总量的比例约为 85%。

农业灌溉用水效率指灌入田间被作物利用的水量占渠首引进的总水量，反映了农业灌溉过程中水资源的利用效率，常用灌溉水利用系数（或灌溉水有效利用系数）指标来表征。农业灌溉用水效率不但是灌区农田水利工程建设和用水管理的基础参数和依据，而且成为我国一项重要的社会经济发展指标。我国国民经济发展"十二五""十三五"规划纲要、最严格水资源管理制度、乡村振兴战略、国家节水行动等都对灌溉用水效率的发展目标提出了明确要求。2006 年开始，水利部组织全国各省（自治区、直辖市）通过建立测算分析网络，以首尾法为测算分析方法，测算分析获得各省（自治区、直辖市）及全国的农田灌溉水有效利用系数值。2018 年，我国农田灌溉水有效利用系数为 0.554，比"十二五"末提高了 0.018，但与节水先进国家与地区的 0.7～0.8 的水平相比还有差距。从地区分布看，不同地区的农田灌溉用水效率水平差异性很大，以 2015 年各省（自治区、直辖市）实测值为例（见图 1.4），最低的西藏自治区仅为 0.417，仅为上海市 0.735 的 56.7%（中国灌溉排水发展中心，2015）。

农业灌溉用水水平主要反映单位耕地面积的灌溉用水量大小，常用亩均灌溉用水量来表示，与区域的水资源天然禀赋、水文气象条件、农业种植结构、灌溉工程状况、用水管理水平等密切相关。2017 年我国人均综合用水量为 $436m^3$，耕地实际亩均灌溉用水量为$377m^3$。统计分析 2007—2017 年我国年降水量与亩均灌溉用水量指标（见图 1.5），2007—2017 年我国耕地的亩均灌溉用水量总体呈下降趋势，由 2010 年之前的约 $430m^3$ 下降到目前的约 $370m^3$，这充分说明我国农业灌溉用水水平在逐步提高。

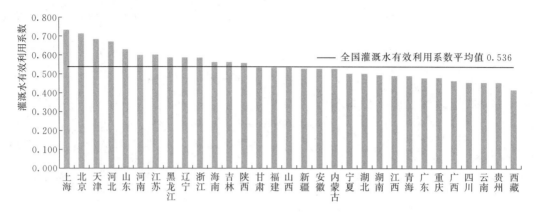

图 1.4　2015 年全国各省级行政区灌溉水有效利用系数分布图

（未包括台湾省、香港和澳门特别行政区数据）

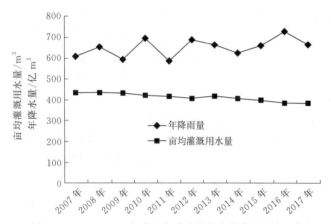

图 1.5　2007—2017 年我国年降水量与亩均灌溉用水量指标

从省域尺度看，不同地区的灌溉用水水平差异性很大。以 2015 年为例，31 个省（自治区、直辖市）耕地实际亩均灌溉用水量在 300m³ 以下的有北京、天津、河北、山西、安徽、山东、河南、陕西等 8 个省（直辖市），约占总数 26％；300～500m³ 范围内的有内蒙古、辽宁、吉林、黑龙江、上海、江苏、浙江、湖北、重庆、四川、贵州、云南、甘肃等 13 个省（自治区、直辖市），约占 42％；

500～800m³ 范围内的有福建、江西、湖南、广东、西藏、青海、宁夏、新疆等 8 个省（自治区），约占 26％；在 800m³ 以上的有 2 个省（自治区），分别为海南、广西，约占 6％（见图 1.6）。

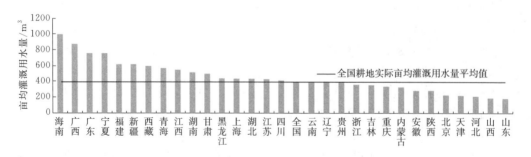

图 1.6　2015 年各省级行政区耕地实际亩均灌溉用水量

（未包括台湾省、香港和澳门特别行政区数据）

1.1.1.3 存在的主要问题

水资源作为自然资源和经济资源，同时参与到生态循环与人类活动中，在各种资源中具有不可替代的位置，水资源的可持续利用是国民经济可持续发展的基本保障。随着我国经济社会的持续快速发展，对水资源的需求不断增加，水资源开发利用问题逐渐凸显。

（1）水资源开发利用呈两极分化，区域之间极不平衡。随着经济社会的持续发展对水资源的需求日益增加，水资源开发利用程度也在不断加大。由于水资源的天然禀赋及区域的经济社会的发展程度不同，导致区域之间的水资源开发利用程度十分不平衡。据统计，我国辽河、海河的地表水资源的开发利用率约为 60%，珠江、长江的开发利用率仅为 15%左右，浙闽地区河流不足 4%，拥有四条大河的西南地区甚至不到 1%；海河流域地下水资源的开发利用率约为 90%，辽河流域约为 60%，而珠江、长江流域的地下水资源的开发利用率仅有百分之几（王瑗等，2008）。国际公认的水资源开发利用率警戒线是 40%左右，过度的水资源开发利用，不仅会造成河流断流、地下水形成降落漏斗，还带来了地面沉陷、海水入侵、生态退化等一系列生态环境问题。

（2）农业是用水大户，但用水效率总体不高。根据近年的水资源公报统计，无论是用水量还是耗水量，农业一直以来是我国的第一用水大户，其中用水量约占 60%以上，耗水量一直维持在 74%左右。从区域分布看，南北方由于水资源天然禀赋、农业种植结构等不同，农业用水量所占区域总用水量的比重存在一定差异，但大部分区域农业仍是绝对用水大户。由于长期以来的用水传统及农业部门相对落后的技术现实，与节水先进地区与国家相比，我国的农业用水一直存在着效率不高的问题，从而导致水资源的严重浪费。从灌溉用水效率看，我国目前的灌溉水有效利用系数仅为 0.554，低于节水先进国家 0.7～0.8 的水平；从水分利用效率看（康绍忠，2019），美国玉米、小麦、水稻的水分利用效率分别为 2.94kg/m³、1.24kg/m³、1.39kg/m³，而我国分别为 2.04kg/m³、1.19kg/m³、0.8kg/m³，仅占美国的 69.4%、96.0%和 57.6%。存在上述差异的主要原因是我国节水灌溉技术与农艺技术不配套，灌溉用水管理不够精细化，灌溉供水配置与作物需求不相匹配等。

（3）水环境恶化、水生态损害。虽然我国水资源总量较为丰富，但由于人口众多，人均占有水资源严重不足，低于世界平均水平，尤其是能作为饮用水的水资源有限。而工业废水、生活污水和其他废弃物进入江河湖海等水体，超过水体自净能力所造成的污染，不仅导致水体的物理、化学、生物等特征的改变，而且影响到水的利用价值，造成水环境恶化、水生态损害的现象。据 2016 年中国环境公报统计，我国达不到饮用水源标准的Ⅳ类、Ⅴ类和劣Ⅴ类水体在河流、湖泊（水库）、省界水体及地表水中占比分别高达 28.8%、33.9%、32.9%及 32.3%；全国地表水 1940 个评价、考核、排名断面中，Ⅰ类、Ⅱ类、Ⅲ类、Ⅳ类、Ⅴ类和劣Ⅴ类水质断面分别占 2.4%、37.5%、27.9%、16.8%、6.9%和 8.6%；以地下水含水系统为单元，潜水为主的浅层地下水和承压水为主的中深层地下水为对象的 6124 个地下水水质监测点中，水质为优良级、良好级、较好级、较差级和极差级的监测点分别占 10.1%、25.4%、4.4%、45.4%和 14.7%；338 个地级及以上城市 897 个在用集中式生活饮用水水源监测断面（点位）中，有 811 个全年均达标，占 90.4%。春季和夏季，符合第一类海水水质标准的海域面积均占中国管辖海域面积的

95%。近岸海域 417 个点位中，第一类、第二类、第三类、第四类和劣五类分别占 32.4%、41.0%、10.3%、3.1% 和 13.2%；全国酸雨区面积约 69 万 km²，占国土面积的 7.2%；其中，较重酸雨区和重酸雨区面积占国土面积的比例分别为 1.0% 和 0.03%。酸雨污染主要分布在长江以南—云贵高原以东地区，主要包括浙江、上海、江西、福建的大部分地区，湖南中东部、广东中部、重庆南部、江苏南部和安徽南部的少部分地区。

1.1.2 我国农田水利现状

1.1.2.1 农田水利工程建设

我国是一个人口大国，也是一个自然地理条件复杂、水土资源不相匹配的农业大国。水旱灾害威胁一直是中华民族的心腹之患，历朝历代都把水利作为安邦兴国的头等大事。农田水利的兴衰更是与农业生产、粮食安全和社会稳定紧密相关，农田水利在我国水利史上始终占有十分特殊的重要地位。从大禹治水"尽力乎沟洫""陂障九泽、丰殖九薮"，到魏国的引漳十二渠、楚国的芍陂、秦国的都江堰、秦汉时期的郑国渠，再到明清时代长江中下游地区的大规模水利建设，无不体现了历史上农田水利的重要，也无不凝聚着我国古人对农田水利的认识和智慧。据《史记·货殖列传》记载，秦汉时期关中耕地只有全国的1/3，人口不过全国的 30%，但由于修建了郑国渠等灌溉工程，这一地区的财富达到当时全国的 60%；明清两代仅在洞庭湖区就围垦四五百处，以致"湖广熟、天下足"，都说明了农田水利对农业和粮食生产的巨大影响和作用。但由于受生产力发展水平等因素的影响，农田水利状况没有根本上得到改变，到中华人民共和国成立初期，全国农田有效灌溉面积和粮食产量分别只有 2.39 亿亩、1132 亿 kg，按当时全国总人口 5.42 亿人计算，人均分别为 0.44 亩和 209kg。

中华人民共和国成立以后，党和政府不断深化"水利是农业的命脉"这一重要论断的认识，领导人民开展了惊天动地、气壮山河的大规模农田水利建设。通过几个时期的艰苦奋斗和重点建设，我国农田水利建设不断取得新跨越、粮食产量不断攀越新高度。到 1978 年，我国有效灌溉面积增加到 7.33 亿亩，粮食产量首次突破 3000 亿 kg。改革开放实行家庭联产承包责任制后，进一步焕发了农民生产的积极性，在多重措施的推动下，1998 年我国粮食总产量首次跨越了 5000 亿 kg 台阶。2004 年以来，中央连续下发关于"三农"的中央一号文件，出台了一系列指向明确、含金量高、操作性强的政策，以农田水利为主的农业基础设施建设速度明显加快，农田水利的地位和作用进一步认识和提高。到 2010 年，我国的粮食生产实现连续七年增产，连续 4 年年产量在万亿斤以上，人均产量达 408kg。

随着人口增长，加上全球气候变化影响、极端灾害性天气增多，党中央始终把保障粮食安全作为治国理政的头等大事，把水安全上升为国家战略，作出了一系列决策部署，对加快农田水利建设提出了明确的要求。国务院相关部门认真贯彻落实党中央的要求，把农田水利建设作为保障国家粮食安全的重要基础来抓，把节水灌溉作为一项革命性和根本性措施来抓，在未来农业用水总量基本不增加的情况下，不断提高灌溉保证率和农业用水效率与效益，努力增加有效灌溉面积，夯实国家粮食安全的水利基础。

截至"十二五"末，全国灌溉面积 10.81 亿亩，耕地灌溉面积达到 9.88 亿亩，林地灌溉面积 0.33 亿亩，园地灌溉面积 0.37 亿亩，牧草地灌溉面积 0.16 亿亩，其他灌溉面积 0.07 亿亩。全国节水灌溉工程面积达到 4.66 亿亩，其中：低压管道输水灌溉面积 1.34

亿亩，占节水灌溉工程面积的 29%；喷灌面积 0.56 亿亩，占节水灌溉工程面积的 12%；微灌面积 0.79 亩，占节水灌溉工程面积的 17%。以管道化为主的高效节水灌溉占节水灌溉的比例达到 58%。

1. 大型灌区

全国 434 处大型灌区累计完成骨干渠道续建配套与节水改造长度 7.16 万 km，其中，新建渠道长度 0.32 万 km，改造渠道 6.84 万 km。完成排水沟改造长度 1460km，新建排水沟长度 507km。完成渠首改造 141 处；完成建筑物建设与改造 22.32 万处；完成量测水设施建设 589 处。大型灌区有效灌溉面积由 1998 年的 24306 万亩提高到 2015 年的 26800 万亩，增加 10.26%；实灌面积由 1998 年的 20015 万亩发展到 2015 年的 24054 万亩，增加了 20.18%；实灌率由 1998 年 82.35% 提高至 2015 年 89.75%；灌溉用水量保持在 1240 亿 m^3 左右。大型灌区骨干渠系水利用系数平均值由改造前的 0.481 提高到 0.597，灌溉水有效利用系数平均值由改造前的 0.397 提高到 0.486，新增节水能力 211.8 亿 m^3，新增亩均节水能力 67.15m^3，亩均实灌水量由 1998 年 632m^3 降至 2014 年 513m^3。新增粮食生产能力 190.74 亿 kg，大型灌区生产的粮食占全国粮食总产的比重从 1998 年的 22% 提高到 2014 年的 26%，有力地支撑着国家粮食安全，促进了粮食增产、农业增效和农民增收。

2. 中型灌区

全国中型灌区 7865 处，有效灌溉面积 2.39 亿亩，其中，灌溉面积 5 万～30 万亩的重点中型灌区 2157 处，有效灌溉面积 1.57 亿亩；灌溉面积 1 万～5 万亩的一般中型灌区 5708 处，有效灌溉面积 0.82 亿亩。"十二五"期间，立项启动了 630 多个中型灌区节水改造项目，涉及 600 多处重点中型灌区，总投资 106.67 亿元；衬砌防渗及疏浚干支渠道 15380km，改造、配套及新建渠系建筑物 46960 座。新增和恢复灌溉面积约 700 万亩，改善灌溉面积约 2210 万亩，新增粮食、棉花、油料等主要农产品生产能力约 25 亿 kg，增加节水能力约 30 亿 m^3。

3. 小型农田水利

深入贯彻落实 2011 年中央一号文件关于"大幅度增加中央和省级财政小型农田水利设施建设补助专项资金规模"的要求，通过集中资金投入，连片配套改造，以县为单位整体推进，实现分散投入向集中投入转变、面上建设向重点建设转变、单项突破向整体推进转变、重建轻管向建管并重转变，彻底改变小型农田水利设施建设严重滞后的现状。至 2014 年年底，累计已实施重点县项目 2450 个县次，基本覆盖全国主要农业大县，涉及 1882 个行政县。2015 年水利部、财政部不再启动新的重点县建设，由各省根据实际情况，按照重点县"整合资金、集中投入、竞争立项、连片推进"的建设管理模式，自行选择项目县，自行组织实施。据统计，全国新增 256 个项目县，累计实施项目 1364 个。通过中央财政小型农田水利重点县项目的实施，极大地改善了大中型灌区骨干工程以外的田间小型农田水利设施面貌，有力促进了农业结构调整、农业集约化经营和优势特色产业的发展，促进农业生产方式变革，为农业机械化、集约化、智能化发展创造了条件，推动了现代农业发展。

1.1.2.2 农田水利管理改革的发展历程

农田水利在抗御水旱自然灾害、保障粮食生产安全、改善农村生产生活条件等方面具有十分重要的地位和作用，是经济社会发展不可替代的基础和支撑。但是，由于农田水利特别是骨干工程以外的小型农田水利设施具有规模小、数量大，分布广、类型多，资产构成复杂等特点，其产权改革和建后管护一直是公认的难题。如何确保"建得起、管得好、保安全、长受益"，也是贯穿农田水利建设管理实践过程始终面临的一个课题。分析我国农田水利管理改革的发展历程，大致经历以下几个阶段。

1. 起步探索阶段

20世纪90年代前后，市场经济刚刚起步，国家财力有限，水利投入较少，只能用简单的市场经济办法，挖掘已有工程潜力，搞活管理权、经营权和收益权。此阶段改革的重点是通过租赁、拍卖、股份合作等形式，对具有一定经营效益的小农水工程进行产权制度改革，以盘活现有工程存量资产，实现滚动发展。1996年《国务院关于进一步加强农田水利基本建设的通知》，鼓励单位和个人按照"谁投资、谁建设、谁所有、谁管理、谁受益"的原则，采取独资、合资、股份合作等多种形式，兴建农田水利工程，小型农田水利设施产权主体逐步多元化、复杂化。改革的不足主要表现为对象单一、适用范围窄、指导性不强，导致的结果则是可持续性不强。

2. 试点推进阶段

2000年以来，特别是农村税费改革以后，国家加强了对小型农田水利设施产权制度改革的政策支持与引导。2003年，水利部印发了《小型农村水利工程管理体制改革实施意见》，提出了"明晰工程所有权、建立用水户协会等多种形式的农村用水合作组织；采取承包、租赁、拍卖等灵活多样的方式搞活经营权、落实管理权"。2005年国务院办公厅转发了国家发展改革委等5部委《关于建立农田水利建设新机制的意见》，明确"允许小型农田水利设施以承包、租赁、拍卖等形式进行产权流转，吸引社会资金投入"。此后，农田水利管理改革步伐加快，农民用水户协会迅速发展，逐步放开了小型农田水利工程的建设权，鼓励社会资金多元化投入，实现小型农田水利工程自建、自管、自营。

3. 深化推广阶段

进入"十二五"特别是党的十八大以来，党中央把水安全上升为国家战略，对农田水利管理改革工作提出明确要求，农田水利管理改革进入深化发展阶段。2011年中央一号文件《中共中央 国务院关于加快水利改革发展的决定》要求，"深化小型水利工程产权制度改革，明确所有权和使用权，落实管护主体和责任"。2013年水利部、财政部印发了《关于深化小型水利工程管理体制改革的指导意见》（水建管〔2013〕169号），主要在明晰工程产权、落实管护主体与管理经费、探索社会化和专业化管理方面提出了改革措施。这一时期改革的主要特点是，外延延伸、内涵拓展、模式成熟，已不单单局限于产权改革，逐渐向明晰权属、理顺体制、建立长效机制转变。

（1）在产权制度改革方面，结合全国100个县开展的农田水利设施产权制度改革和创新运行管护机制试点，总结推广安徽"两证一书"制度相关经验和做法，全国已有近800万处小型农田水利工程完成产权制度改革，明晰了产权归属，落实了管护主体。

（2）在农业用水管理改革方面：以最严格水资源管理制度为抓手，推行灌溉用水总量控制、定额管理，在水资源过度开发地区合理确定灌溉面积发展上限，在华北地下水严重超采地区实行综合治理试点，在井灌区和提水灌区采用IC卡计量方式，实现以水定电、以电控水、节水增效。

（3）在农业水价综合改革方面：通过全国 27 个省份 80 个县（市、区）开展的农业水价综合改革试点工作，形成了一批可复制、可推广的改革经验，如云南省陆良县等地实行的农业用水"协商定价"模式，江苏省宿豫区、湖南省长沙县等地建立的精准补贴制度，贵州省贵定县等地统筹推进农田水利建设管理与水价改革、解决"最后一公里"管护问题等。

（4）在农田水利管理体制改革方面，支持农民用水合作组织作为农田水利项目的申报、实施和管护主体，加大中央财政对中西部地区农田水利维修养护资金补助力度；浙江、安徽、湖北等地积极探索政府购买水利公共服务，推行水库、闸坝、灌区、小型农田水利重点县项目等水利工程物业化管理。

（5）在农田水利投融资体制改革方面：不断加大各级财政对农田水利建设的投入，各地共计提土地出让收益 2300 亿元用于农田水利建设；积极落实过桥贷款、专项建设基金等金融支持水利政策，鼓励和吸引社会资本投入水利建设。

（6）在基层水利服务体系改革方面：水利部会同中编办、财政部联合出台指导意见，对进一步完善基层水利服务体系作出部署。全国基层水利服务机构达到 2.9 万多个、在岗人员 13 万多人，其中机构人员经费纳入县级财政预算的比例占 95%，农民用水合作组织已达到 8.34 万个，初步扭转了基层水利服务体系建设薄弱的状况。

通过农田水利管理改革，有力地改善了"重建设、轻管护""有人用、无人管"的局面：①促进了多元主体参与农田水利工程建设与管理。通过改革，明确了工程投资、建设、经营、管护的主体，调动了各级参与建设管理的积极性，在盘活水利资产、拓宽投融资渠道的同时，收到了良好的管护实效。②促进了水资源的优化配置。通过改革，初步建立农业水价形成机制，改变了过去只用不管和"吃大锅水"的现象，农户节水意识大大提高，节约了管理成本，减少了水资源的浪费。③促进了农业产业结构的调整和农民增收。通过改革，提高了农田水利设施的管护水平，改善了农业生产条件，支撑了产业结构的调整，促进了农民收入的增加。

1.1.2.3 存在的主要问题

经过几十年的建设，我国基本形成了相对完善的农田水利设施体系，农田水利发展成就巨大、举世瞩目，为保障全国粮食安全提供了重要的水利支撑。但随着经济社会的快速发展和城市化进程的不断推进，我国进入了城乡统筹发展、"三化同步"发展的新时期，城乡关系、产业联系、农村形势等正在发生深刻变化，经济社会发展对粮食的刚性需求仍在增长，我们必须全面正视当前农田水利存在的诸多问题，不断提高我国农田水利建设与管护水平，为国家粮食安全、农民增收致富、农村经济社会稳定发展提供基础保障。当前我国农田水利存在的主要问题如下。

（1）农田水利建设滞后仍是影响农业稳定发展和国家粮食安全的最大硬伤。进入新世纪特别是"十二五"以来，国家加大了农田水利建设力度，我国农田水利面貌得到较大改观，但与交通、能源、信息等基础设施和基础产业相比，农田水利建设滞后仍是影响农业稳定发展和国家粮食安全的最大硬伤，表现为：①设施不足。我国现有耕地中，仍有半数以上为"望天田"，一些水土资源条件相对较好、适合发展灌溉的地区，由于投入不足，农业生产的潜力没有得到充分发挥；山丘区、牧区水利发展滞后，与农牧民致富要求迫切的形势极不相称。②老化失修。现有的灌溉排水设施大多建于 20 世纪 50—70 年代，由于长期缺乏有效维修养护，有的运行时间已超过使用寿命，工程坏损率高，效益降低，大型灌区的骨干建筑物坏损率近 40%，中小型灌区状况更差，特别是农田灌排"最后一公里"问题十分突出。③配套不全。大型灌区田间工程配套率仅约 60%，不少低洼易涝地区排涝标准不足 3 年一遇，灌溉面积中有 1/3 是中低产田，旱涝保收田面积仅占现有耕地面积的约 30%。

（2）产权制度缺失、管护机制薄弱是影响农田水利良性运行的最大障碍。新中国成立以来，党和政府领导人民大兴水利，建设了大量的农田水利设施，但是由于运行管护跟不上，出现建、管、用相脱节和"有人用、无人管、无钱管"的局面，加剧了农田水利的老化失修（顾斌杰等，2014）。①产权归属不清晰：农田水利工程特别是小型农田水利设施，建设主体不同（有国家投资、集体投资和农民投工投劳等），受益范围较大的产权归村集体组织或农民合作组织管护，受益范围较小的归农户自用、自管；不少工程，使用期间经过多次维修、扩建和改革，产权归属确定过程中，各投入主体投入额难确定、土地使用权作价难确定、农民的投工投劳难评估，给产权关系的界定带来困难。另外产权制度改革程序不规范，不少地方工程竣工验收后，办理产权移交手续不正规、不及时，缺少相关法律程序的认可等；造成工程产权归属难界定、不清晰。②管护责任难落实：一方面，部分农田水利设施由于未开展产权制度改革，工程产权不清晰，管护责任主体不明确，管护责任难以落实；另一方面，对于已开展了产权制度改革的农田水利设施，虽说管护责任已落实，但由于配套制度不健全，缺乏必要的监督、检查、管理，对有些承包经营户不按合同约定履行相应公益性义务、水利专业管理水平低、不按时上交承包费、随意变更工程用途、工程只用不管、乱提水价等情况解决不及时，容易引发纠纷、产生安全隐患。③管护经费不到位。农田水利工程运行管护主要依赖农业水费和地方财政安排的少量管护经费，由于县级财力弱、农业水价改革不到位、水价核定不科学，水价不能充分反映水资源的稀缺程度、市场供需关系和运行维护成本、用水计量设施建设滞后等因素的制约，经费保障往往难以落实到位；南方地区的部分省份，在农田水利设施管护方面往往采取"以建代养"模式，运行管护经费虽有落实但不稳定，不能弥补运行维护水价缺口。④管护机制不健全。农田水利三分建、七分管，没有机制的保障，农田水利良性运行管护难以有效落实。目前，我国农田水利设施建后管护机制仍不健全，缺乏有效的管护、考核、激励机制，灌区群众参与管理的热情不高、积极性不够，管护模式单一；以乡镇（含街道，下同）或村组为单元，实行政府采购、花钱买服务的"以钱养事"模式还很少，以"乡镇统筹、村为主体、资产托管、民办公助、社会管理"的长效管护机制尚未建立，影响了小型农田水利工程效益发挥和公共服务质量的提高。

1.2　我国农业水价改革发展历程

我国水价制度历史悠久，早在公元前 2 世纪，都江堰灌区农田灌溉就实行了每亩田缴纳 5kg 稻谷的制度（李雪松，2006），这是中国农业水价制度最早的雏形。中华人民共和国成立以后，在水利、物价等相关部门的共同努力下，农业水价改革不断推进，从最初的无偿供水阶段，到 1985 年国家相关部委着手制定水费计收标准，农业供水开始核算价格；再到 1997 年国务院颁发《水利产业政策》等一系列改革文件，推动了农业水价改革的向前发展；最后到 2016 年国务院《关于推进农业水价综合改革的意见》（国办发〔2016〕2号）文件的印发，标志着农业水价改革进入全面深化阶段。我国农业水价改革历经 50 余年的发展，力图通过发挥价格杠杆的作用，使水价达到合理水平，做到节约用水和减轻农民负担、促进农田水利工程良性运行的平衡。

1.2.1 无偿供水阶段

从中华人民共和国成立初期到 1965 年，此阶段我国的国民经济基础薄弱，生产力还非常落后，为了促进农业发展，解决全国人民"吃饱饭"的问题，全国绝大部分地区都实行了无偿供水政策，无水价可言，只有极少部分地区征收一部分水利粮或少量水费（代源卿，2014）。期间，1961 年国家出台了《关于加强水利管理工作的十条意见》，提到"用水单位都该缴纳水费"，但由于缺乏具体的操作办法和标准，水费计收无从谈起。

1965 年 10 月，经国务院批准，由水利电力部制定的新中国成立后第一个关于水费制度的重要文件《水利工程水费征收使用与管理试行办法》正式出台，标志着我国的水费制度得以重新建立。文件中确立了按成本核算水费的基本定价机制，但由于受"文化大革命"的影响，这一办法实际上并未在全国得到很好的落实，农业灌溉还处于无偿供水状况。

1.2.2 改革起步阶段

1982 年中央一号文件《全国农村工作会议纪要》明确提出了城乡工农业用水应重新核定水费制度，水利部向国务院呈交了《关于核定水费制度的报告》，提出制定水费要以供水成本和利润为依据。1984 年 7 月，中共中央提出要拟定全国计收水费的原则，对于水价提高后困难的地区和部门，要进行水费补贴。1985 年 7 月，经国务院批准，水利部将《关于水利工程水费核订、计收和管理办法的通知》转发全国执行。其中明确规定："凡水利工程都应实行有偿供水。工业、农业和其他一切用水户，都应按规定向水利工程管理单位交付水费。"该文件也首次明确了农业供水也必须向水利工程管理单位交付水费，为农业水价改革提供了政策依据。1988 年，我国颁布了《中华人民共和国水法》，明确规定"凡是使用供水单位供应的水，应当按照规定向供水单位缴纳水费"。新中国第一部水法的颁布，为农业水价改革提供了法律上的依据。

1.2.3 改革发展阶段

1997 年国务院颁布了《水利产业政策》，该文件不仅首次对"水价"作为生产经营性收入的含义做了规定，而且正式确立了"成本补偿、合理收益"的水价确定原则。这一政策的颁布，标志着我国水价改革进入快速发展的新时期，也为农业水价改革的推进提供了原则依据。

2001 年国家发展计划委员会会同水利部、农业部共同印发了《关于改革农业用水价格有关问题的意见》，该文件提出要在考虑农民承受能力的基础上，建立科学合理的农业水价形成机制，并确立了农业水价改革的基本原则和思路。2002 年 10 月，国家发展计划委员会发布了《关于改革水价促进节约用水的指导意见》，指出要处理好农业水价改革与农民承受能力之间的关系，杜绝中间环节的乱加价乱收费的现象。对于农业用水可以采用累进水价制度，定额外用水可以较大幅度提高水价。2003 年国家发展改革委、水利部出台《水利工程供水管理价格管理办法》，明确了水利工程供水的商品属性，确立了超定额累进加价、丰枯季节水价和季节浮动水价等水价改革的几种方法。2004 年国务院办公厅下发《关于推进水价改革促进节约用水保护水资源的通知》，要求做好水价的综合改革，农业水价改革不是简单的提价或降价，而是包含改革水利设施在内的系统性工程。该文件首次明确了农业水价改革应为综合性改革。2010 年国务院批转的国家发展改革委《关于2010 年深化经济体制改革重点工作的意见》，明确提出要推进农业节水与农业水价综合改革。当年的政府工作报告中也提出"完善农业用水价格政策"，对农业水价试行双补贴政策。

2011 年中央一号文件《中共中央 国务院关于加快水利发展改革的决定》首次聚焦水利行业，对农业水利与水价改革作出明确要求："按照促进节约用水、降低农民水费支出、保障灌排工程良性运行的原则，推进农业水价综合改革，探索实行农民定额内用水享受优惠水价，超定额用水实行累进加价的办法"，为我国的农业水价综合改革指明了方向。

1.2.4　改革深化阶段

2014 年 3 月，习近平总书记在水安全会议上发表了重要讲话，提出"节水优先、空间均衡、系统治理、两手发力"的治水思路，指出农业是用水大户，也是节水潜力所在，更是水价改革难点。要敢于碰一些禁区，拓宽思路，通过精准补贴等办法，既总体上不增加农民负担，又促进农业节水。属于农民不该承担的用水成本，可以给补贴，但不能所有人都享受这种无偿水价、低廉水价。这为推进我国农业水价综合改革提供了遵循、指明了方向。之后，水利部组织在全国 27 个省、80 个县开展了农业水价综合改革试点工作。

在总结 80 个县的试点工作基础上，2016 年《国务院办公厅关于推进农业水价综合改革的意见》（国办〔2016〕2 号）对全面开展农业水价综合改革做了总体部署："用 10 年左右时间，建立健全合理反映供水成本、有利于节水和农田水利体制机制创新、与投融资体制相适应的农业水价形成机制；农业用水价格总体达到运行维护成本水平，农业用水总量控制和定额管理普遍实行，可持续的精准补贴和节水奖励机制基本建立，先进适用的农业节水技术措施普遍应用，农业种植结构实现优化调整，促进农业用水方式由粗放式向集约化转变。"该文件的颁布，标志着我国农业水价综合改革进入了深化发展阶段。

2016—2019 年，国家发展改革委、水利部、财政部、农业农村部等相关部门相继下发了《关于抓紧推进农业水价综合改革工作的通知》（发改办价格〔2016〕2369 号）、《关于扎实推进农业水价综合改革工作的通知》（发改价格〔2017〕1080 号）、《关于加大力度推进农业水价综合改革工作的通知》（发改价格〔2018〕916 号）、《关于加快推进农业水价综合改革的通知》（发改价格〔2019〕855 号），我国农业水价综合改革工作快速得以推进。

1.3 南方丰水区农业水价综合改革的意义

我国南方丰水地区，降雨充沛，水资源总量相对丰富，农业仍是用水大户，也是节水潜力所在。长期以来，农田水利运行维护经费不足，重建轻管、以建代养普遍；农业用水管理不到位，农业水价形成机制不健全，价格杠杆对促进节水的作用未得到有效发挥，不仅造成农业用水方式粗放，而且难以保障农田水利工程良性运行。推进农业水价综合改革，既是贯彻落实新时期"节水优先"治水思路的必然要求，也是保障粮食安全、实施"乡村振兴"战略的现实之需，意义重大。

1.3.1 农业水价综合改革是实现农业节水减排的重要引擎

2014 年，习近平总书记在水安全会议上指出，我国新老水问题相互交织，水已经成为当代中国最短缺的产品，水安全已经亮起红灯，必须坚持"节水优先、空间均衡、系统治理、两手发力"的治水思路，实现治水思路的转变；发挥市场机制要善用水价，让价格这个杠杆来调节供求。面对严重的水资源短缺现状，除了工程与技术外，水价也是促进节水最为有效的途径之一。

南方丰水地区虽然水资源总量较为丰富，但也存在时空分布不均、用水效率不高，资源性、工程性与水质性缺水并存的情况。农业仍是用水大户，但用水管理粗放、浪费严重，与此同时，水量浪费的同时也带来农业面源污染问题，导致水环境的恶化。以浙江为例，多年年平均降雨量超过 1600mm，农业用水占比约为 40%，但灌溉水有效利用系数仅有 0.58 左右，将近一半的灌溉水量通过田间转圈后又排入附近水体，排出的是水，带走的是肥，导致浙江现状的农业面源污染对水体污染的贡献率超过 50%。因此，南方丰水区通过农业水价综合改革，促进农业节水减排，不仅解决区域的水资源短缺问题，更是实现节水减污、促进水环境改善的重要手段。通过农业水价综合改革，在农业供水上加强约束，实施农业用水总量控制与定额管理，形成节水倒逼机制；在农业用水上加强引导，建立农业节水奖励机制，推动农业种植结构向低耗水作物调整，促进绿色农业发展，形成节水引导机制；在农业用水市场机制方面，通过完善水价形成机制，合理确定价格水平，实施分级、分类、分档水价，形成节水价格机制。

1.3.2 农业水价综合改革是保障农田水利良性运行的重要举措

我国是农业大国，解决好 14 亿人的吃饭问题，始终是治国安邦的头等大事。水利是农业的命脉，农田水利是国家粮食安全的基础与保障。进入新时期，面对全球人口快速增长及国际政治复杂多变的形势，人口、资源、环境压力的挑战将更加严峻，粮食安全问题的战略地位也更加突出，农田水利保粮食安全的地位将更加重要、需求更加迫切、任务更加艰巨。

保障粮食安全是各级政府必须坚守的红线，对于南方丰水地区而言也是如此。中华人民共和国成立以来，我国建设和改造了一大批农田水利工程，但由于受传统"重建轻管"观念的影响，缺乏有效运行管护机制，运行维护经费不足或不到位，导致全国仍有 40% 的大型灌区骨干工程、60% 的大型排灌泵站、50%～60% 的中小型灌区、50% 的小型农田水利设施存在配套不全、老化失修、功能衰减、效益降低的现象。南方丰水地区虽经济条件相对较好，但农田水利设施仍很薄弱，运行管护跟不上。以浙江为例，全省60％的山塘处于病危状态，农田水利工程的完好率不到55％，有8％的灌溉面积因灌不进、排不出而丧失灌排功能等。通过农业水价综合改革，建立合理的农业水价形成机制和精准补贴机制，将农业供水价格逐步提高到运行维护水平。在总体上不增加农民负担的前提下，保证工程运行维护经费的正常来源，实现了农田水利设施"有钱管"；同时，通过农业水价综合改革，明晰工程产权，建立终端用水管理组织，健全管护制度，保证农田水利设施日常运行维护"有人管"。综合分析，对于南方丰水区而言，实施农业水价综合改革是实现保障农田水利良性运行的重要举措。

1.3.3 农业水价综合改革是深化水利改革加快农田水利建设的重要推力

发展农田水利，是推进农业现代化的重要内容，是保障国家粮食安全的重要手段，是全面建成小康社会的重要基础。"十二五"以来特别是党的十八大以来，中央把水安全上升为国家战略，作出一系列决策部署，对农田水利改革工作提出明确要求。

分析农业水价综合改革涉及的内容，包括了农业水价形成机制、农业用水精准补贴机制、农田水利运行管护机制、农业用水管理机制、农业水权制度改革、工程产权改革、用水合作组织建设等多方面内容。若将这些改革有机结合起来，整体推进，对农田水利改革将起到很大的推动作用。因此，农业水价综合改革是农田水利改革的升级版。另外，对于南方丰水区而言，通过农业水价综合改革，建立完善农业水价形成机制，适当发挥价格杠杆作用，将进一步鼓励社会资本投资农田水利建设，特别是对于经济效益较好的经济作物和规模较大的种植养殖业；通过农业用水精准补贴机制和节水奖励机制的建立，有利于调动农民、新型农业经营主体、企业等社会资本参与农田水利建设的积极性。

1.3.4 农业水价综合改革是实施乡村振兴战略的重要支撑

党的十九大作出实施乡村振兴战略的重大决策部署，树立了我国农业农村发展史上划时代的里程碑。乡村振兴战略是在新的历史条件下全面加强"三农"工作的总抓手和新旗帜。水利是产业兴旺的前提条件、生态宜居的构成要素、乡风文明的重要载体、治理有效的生动实践、生活富裕的基础保障。

对照"产业兴旺、生态宜居、乡风文明、治理有序、生活富裕"乡村振兴战略的总要求，对于南方丰水地区而言，通过农业水价综合改革，有利于推动农业绿色发展。农业绿色发展是现代农业的重要内容，关系到农业高质量发展，关系到农业可持续发展。对于南方丰水区，农业水价综合改革不仅可以减少水资源利用量，提高农业用水效率，夯实农田水利工程基础；更可减少农业面源污染排放，实现节水减污，改善农村水环境。因此，有利于环境保护，有利于促进农业绿色发展，实现农业的产业兴旺，农民的生活富裕、农村的生态宜居。遵循习近平总书记"绿水青山就是金山银山"的科学论断，南方丰水区正在开展美丽乡村升级版建设，深化农村精神文明建设。过去由于农业灌溉用水粗放，河塘洗涤随处可见，"管水、护水、节水、亲水"还没有成为农村居民的自觉行为；通过农业水价综合改革，建立和完善终端用水组织，规范农业用水行为，营造节水型社会氛围，对提高全民文明素质具有长远意义，有助于实现农村的乡风文明、治理有序。

第2章　农业水价综合改革的相关基础理论

农业水价改革作为统筹农村水利各项改革工作的"牛鼻子",涉及用水计量、水价形成、终端管理、产权改革、水权分配、精准补贴、节水奖励等多个环节,涉及面广、政策性强、技术性复杂。理论是实践的基础,实践是理论的来源。为更好地指导改革实践,本章对农业水价综合改革主要涉及的价格、补贴、产权、水权等理论进行了归纳总结,重点介绍了相关术语的定义、内涵、基础理论体系及与农业水价改革相关的理论与应用,为南方丰水区农业水价综合改革实践提供理论支持。

2.1　农业水价理论

本节重点介绍了农业水价相关基础理论,从价值与价格的基本关系开始,简述了水资源价格理论(包括水资源价值与价格的关系、水资源的定价方法等)、水价形成机制,最后引申出农业水价理论机制及基本构成。

2.1.1　价值与价格

2.1.1.1　基本内涵

价值是凝结在商品中无差别的人类劳动。商品的价值表明:①商品必须具有使用价值,才会有价值,使用价值是价值存在的物质承担者。②价值是由抽象劳动形成的,抽象劳动凝结在商品中才成为价值。③价值是看不见、摸不着的,它只有在商品交换中,通过一种商品与另一种商品的相互对等、相互交换的关系才能表现出来;价值是交换价值的内容,交换价值是价值的表现形式。④价值是商品的社会属性,它体现了商品生产者互相交换劳动的社会关系。

价格是价值的货币表现,是商品的交换价值在流通过程中所取得的转化形式,是一项以货币为表现形式,为商品、服务及资产所订立的价值数字。

2.1.1.2　价值与价格的关系

商品价值和价格既有联系又有区别。价值是价格的基础,价格是价值的表现形式;价值决定价格,价格围绕价值上下波动。

商品价格是商品的货币表现,由于受价值规律支配和其他因素影响,从某一次具体交换看,价格和它的价值往往是相脱离的;但从较长时间和整个社会的趋势上看,商品价格仍然符合其价值。

价值决定价格,价格表现价值在不同社会形态里的情况是不一样的。在资本主义市场经济条件下,价值规律自发地起调节作用,价格更多地受市场供求关系影响;在社会主义市场经济条件下,商品的价格受价值规律的自发调节外,还要受国家自觉运用价值规律进行宏观调控的约束。

2.1.2　水资源价格理论

2.1.2.1　水资源的功能及属性

水资源价值理论是水资源价格定价的基础，它涉及水资源的功能、属性。水资源价格的概念、内涵，其核心是水资源价值的判断及水资源价格的确定。

1. 水资源的功能

水资源是一种具有多种用途、不可替代的特殊资源，是生态环境的基本要素。同时，水资源作为一种社会经济商品，为人类的经济活动提供了源源不断的物质和能量。因此，根据水资源提供的服务和市场化特点，将水资源的功能分为水资源生态服务功能和经济服务功能。水资源的生态服务功能是指水资源调节生态、维持自然生态平衡的功能，包括泥沙、营养物质的输移、环境净化，维持森林、草地、湿地、湖泊、河流等自然生态系统的结构与功能，以及其他人工生态系统的功能（李友辉等，2007）。水资源的经济服务功能主要体现在第一产业用水、第二产业用水和第三产业用水等方面产生的经济价值。因此，水资源除了其本身的自然性、生态性外，还具有社会性和经济性。

2. 水资源的属性

（1）自然属性。水资源是一种动态资源，具有自身的特征和规律，其自然特性是指本身所具有的、没施加人类活动痕迹的特征，主要表现为循环流动性、储量的有限性、时空分布的不均匀性、多用途及不可替代性。

1）循环流动性。水是自然界的重要组成物质，是环境中最活跃的要素，它不停地运动着，积极参与自然环境中一系列物理的、化学的和生物的过程。水是一种动态资源，理论上能够循环利用，通过大气降水的补给，开采和消耗能够得到恢复。

2）储量的有限性。全球淡水资源的储量是十分有限的，且淡水资源大部分储存在极地冰盖和冰川中，真正能够被人类直接利用的淡水资源仅占全球总水量的不到1%。从这个意义上讲，水资源的储量是有限的，这就产生了自然资源"稀缺"的固有特性。

3）时空分布的不均匀性。水资源作为一种自然资源，时空分布具有不均匀性。全球水资源的分布表现为大洋洲的平均径流模数为 $51.0L/(s \cdot km^2)$，亚洲的平均径流模数为 $10.5L/(s \cdot km^2)$，相差悬殊（阮本清等，2001）。总的来说，我国水资源分布在区域上，东南多、西北少，沿海多、内陆少，山区多、平原少；同一地区年、月之间的水量有丰水期和枯水期之分，随机性变化较大。

4）多用途及不可替代性。水资源可以满足多种不同的需求，且用途具有不可替代性。在维持自然生态系统平衡方面具有促进物质循环、稀释降解污染物质、提供生物生长环境等功能，是生态环境的最基本要素；在人类的经济活动中，水在生态系统中不停地运动，实现了生态系统与外部环境之间的物质循环与能量转换，发挥了多种重要作用，具有不可替代性。

（2）社会经济属性。随着经济的发展和人口的增长，人们越来越认识到，水是维持自然界的一切生命和社会经济持续发展所必需的资源。水在国计民生和社会经济发展中占有极其重要的地位，水资源不仅是一种自然资源，更是一种社会资源，已成为人类社会的一个重要的组成部分。水资源的社会经济属性主要表现为经济性、伦理性、准公共物品性和开发利用中的外部性等。

1）经济性。水资源是国民经济主要的生产要素，是国民经济持续发展的动力资源之一，不仅是农业生产的命脉，而且是工业生产的血液，可直接产生经济效益，关系着国家的经济安全。

2）伦理性。人类与水资源的关系体现着伦理道德特性，人类在开发利用水资源的过程中逐步认识到"以道德的方式"对待自然界（水资源）的重要性。另外，在水资源使用面前人人平等，维持人类基本的生存需要是社会的最基本义务。水资源尤其是生活用水、农业用水等具有社会福利性，其价格的确定应更多地具有社会福利性质的政策倾斜，政府必须发挥必要作用，对用户或供水经营者予以一定补贴。

3）准公共物品性。公共物品是指那些在消费上具有非竞争性与非排他性的物品。而水资源是一种维持人们生产与生活的最基本物品。从公共物品的定义和特征看，水资源属于准公共物品，即是具有有限的非竞争性与非排他性的物品。

4）开发利用中的外部性。外部性是指在实际经济活动中，生产者或消费者对其他生产者或消费者带来的非市场性影响。其中，有害的影响称为外部不经济。水资源开发利用的外部不经济性主要表现为对生态环境的不利影响，水资源过度开发、不合理开发影响了水资源自身的更新速率，人为地割断了水文循环的系统性，导致水资源配置效率低（汪林等，2009）。

总之，水资源的自然属性和社会属性是相互交织、不可分割的，有着自身的客观规律，因此，在开发利用水资源、充分体现水资源价值的过程中，必须对此有着深刻的认识和理解。

2.1.2.2 水资源价值内涵

水资源作为一种基础性战略资源，具有价值的特性是毋庸置疑的。总体上说，水资源价值内涵主要体现在稀缺性、资源产权、劳动投入三个方面。

（1）稀缺性。对于水资源价值的认识，是随着人类社会的发展和水资源稀缺性的逐步加剧（水资源供需关系的变化）而逐渐发展和形成的，呈现从无到有、由低到高的演变过程。以前由于人类开发利用的水资源量相比地球上的水量较少，水在当时并没有成为人们生产生活及社会发展的制约因素，仅是人们生活的必需品，并未当作资源来对待。随着人类社会的发展，人类的生产生活空间日渐扩大，人们对水的需求也越来越大，要满足人类饮用、农业灌溉、航运等多种用途，水的天然时空供给和人类的需求之间的矛盾也逐渐体现出来。人们开始大规模地开发利用水，对天然水系统加以改造。随着人类文明的进步，人类改造自然的能力日益增强，人类对水的需求日益扩大，开发利用水体的范围也逐渐扩大，水的有限性逐渐引起人们的重视，开始认识到天然状态的水资源的巨大价值（宁立波等，2004）。因此，水资源价值首要体现的是其稀缺性。水资源价值的大小也是其在不同地区、不同时段的稀缺性的体现。

（2）资源产权。经济资源的归宿在于有限资源的合理配置和有效利用。在社会主义市场经济条件下，水资源合理配置和有效利用的基础是明晰水资源产权，实行资源有偿使用制度。而水资源产权制度有效实施的关键是水资源价值量化。《中华人民共和国宪法》第一章第九条及《中华人民共和国水法》第一章第三条均规定，水资源属于国家所有，禁止任何组织或者个人用任何手段侵占或者破坏自然资源。因此，国家作为水资源的产权所有者，与需求者构成了水资源交换的买卖双方，实现水资源价值转移的过程（周妍，2007）。

（3）劳动投入。在水资源的调查、开发、利用过程中，劳动价值即劳动和资金的投入应该包含在水资源价值中，这一点是不能否认的。若没有人类劳动的投入，其为天然水资源，但同样有价值，其价值就包括稀缺性、产权所形成的价值。

由此可见，稀缺性和产权是市场经济条件下水资源交易和配置的必要条件。稀缺性在水资源丰富地区体现的价值不明显。水资源紧缺地区，水资源价值就包括稀缺性、产权和劳动价值。因此，对于不同的水资源及其价值的认识，应根据具体情况具体分析（米松华，2003）。

2.1.2.3　水资源价值理论

关于水资源价值的经典理论主要有：劳动价值论、边际效用价值论、地租理论、均衡价值论等。同时，外部性理论也对价值理论进行了发展和完善。

（1）劳动价值论。马克思在继承亚当·斯密、李嘉图理论的基础上，丰富了劳动价值论。在马克思看来，劳动是价值的唯一源泉，形成价值的劳动不是一般的劳动，也不是抽象劳动，而是经过市场的选择被证明是社会所需要的、必要的劳动。马克思认为价值的实质是处于凝结状态的人类抽象劳动，决定商品价值量的不是普通的劳动时间，而是社会必要劳动时间。单纯运用马克思的劳动价值论来考察水资源的价值并不十分全面，因为水资源价值的存在并不在于是否有社会必要劳动的进入，没有劳动进入的天然水资源一样也是有价值的，只对耗费的劳动进行水资源价值补偿，是远远不够的。水资源的价值并不仅仅取决于人类所投入的社会必要劳动时间，其价值是由稀缺性、有限性、不可替代性决定的。

（2）边际效用价值论。效用价值理论是从物品满足人类的欲望能力或者人对物品效用的主观心理评价角度来解释价值及其形成过程的经济理论，反映的是物品对使用者需求的满足程度，与劳动价值论具有本质的区别。效用价值理论的特点是以主观心理解释价值的形成过程，认为商品的价值不是商品内在的客观属性，而是人对物品效用的感觉和评价，它反映人的欲望同商品满足这种欲望的能力的关系。效用随着人们消费某种商品的数量而变化，边际效用是衡量商品价值量的尺度。边际效用价值论者认为商品的价值并非实体，也不是商品的内在客观属性，而是表示人的欲望同物品满足这种欲望的能力之间的关系。效用是衡量价值的源泉，衡量价值量的尺度就是边际效用。效用论者认为人对物品的欲望会随其不断被满足而递减，如果供给无限则欲望可能减至零甚至产生副作用，即达到饱和甚至厌恶的状态，从而它的价值会随供给的增加而减少，甚至消失。所以，稀缺性与效用相结合才是价值形式的充分必要条件（孔欣，2002）。运用效用价值理论很容易得出水资源的价值是由效用和稀缺性共同决定，可以避免片面运用劳动价值论造成的对水资源的掠夺式开发和浪费性使用。

（3）地租理论。马克思的地租理论认为，地租是土地所有权在经济上借以实现的形式，是土地所有者纯粹凭借土地所有权获得的收入。其实质是将土地作为一种生产要素，认为租金是对使用固定的生产要素所支付的报酬，其大小取决于生产要素的互相依输的边际生产力。地租决定于供求关系形成的均衡价格，取决于要素需求者支付的竞争性价格。对稀缺性资源征收地租有助于达到资源更有效的配置。运用地租理论也适用于衡量水资源价值，因为我国水资源属于国家所有，是天然社会财富，其有用性和稀缺性决定了水资源价值。我国开发、利用、经营水资源者需向产权所有者——国家或其水资源主管部门交付一定的费用，即水资源价格这一行为就是地租理论的实践。

（4）均衡价值论。均衡价值论是马歇尔以生产费用论为基础，吸收边际分析和心理概念，论述价格的供给方和价格的需求方，认为商品的市场价格决定于供需双方的力量均衡。均衡价格是指一种商品的需求价格和供给价格相一致时的价格，是供需双方的平衡点，也就是这种商品的市场需求曲线与市场供给曲线相交时的价格。需求价格是买者对一定数量的商品所愿支付的价格，是由该商品的边际效用决定的；供给价格是卖者为提供一定数量商品所愿出售的价格，是由生产商品的边际成本决定的（张超，2007）。因此，运用均衡价值论来考查水资源价格可以较合理地得出水资源价格应在充分考虑效用性、稀缺性的基础上，还应考虑消费者的支付意愿、支付能力等综合平衡后进行确定。

综上所述，马克思劳动价值论从生产者角度进行评价，分析生产者在生产、管理过程中的投入，即付出的劳动投入及其他消耗，强调价值的社会经济关系含义，反映的是物品的劳动价值；地租论从产权所有者角度来分析物品价值，使用者需要对所有权的使用支付一定的报酬，反映了所有者权益——产权价值；效用价值论则将价值视为主观的感觉评价或称心理感受，从需求者或使用者角度来评价物品对主观需求的效用满足，反映的是物品的使用价值；均衡价值论则将价值分析看作商品价格的分析，综合考虑所有者的产权价值、生产者的劳动价值、管理者的补偿价值和需求者的使用价值，并结合商品的稀缺程度等各个方面，较合理地解释了市场交换过程，揭示出市场这只无形的手根据商品的劳动价值、使用者的效用、稀缺度、消费者的支付意愿、支付能力等因素来平衡商品价格。

因此，笔者认为，水资源中包含的人类劳动价值，可由马克思劳动价值论的定价方法确定，但水资源的稀缺性不宜由劳动创造价值的理论来衡量；根据地租论，水资源具有产权所有者——国家，各类用户就是水资源的需求方，使用者要向所有者支付一定的费用，构成水资源产权价值，无论是天然状态的水资源，还是已被开发利用的水资源，都具有价值；根据边际效用价值理论，水资源的价值的大小决定于它的稀缺性和开发利用程度。以上价值论是随着人类认识的不断深入而逐渐丰富，是在不同的社会发展阶段试图从所有者、生产者、管理者和使用者等不同角度来评价物品的价值属性，有其局限性。相对而言，在社会主义市场经济条件下，水资源价值理论应该是以地租理论为基础，明晰水资源产权，结合马克思劳动价值理论、效用价值理论、均衡价值论，综合考虑水资源所有者的产权价值、水资源生产者的劳动价值、水资源管理者的补偿价值、水资源需求者的使用价值及水资源的稀缺程度等各个方面，兼顾消费者的支付意愿、支付能力等因素综合平衡，以实现水资源可持续发展利用。

2.1.2.4 水资源价值与价格的关系

水资源价值是水价格的源泉，水价格是水资源价值的货币表现形式。水资源价格是水资源本身应具有的价格，是使用者为了获得水资源使用权或所有权需向水资源所有者支付一定数量的货币额，反映了有偿使用水资源的原则，体现了水资源的稀缺程度、可利用程度、需求程度及水利用中的劳动投入，是水资源所有者与使用者之间的经济关系的体现，水资源价值的稀缺性、可被利用程度、劳动投入成为影响水价格的主要因素。但是，自然因素、社会经济因素、工程因素、政策因素在不同侧面、不同程度影响着水资源价格，直接或间接地影响着水资源的供求关系，决定着水价的高低，也就是说，水同一般商品不同，并非完全取决于市场机制，还要发挥市场这只无形的手，根据水商品的劳动价值、使用者的效用、稀缺度、消费者的支付意愿、支付能力等因素平衡水商品价格，使价格围绕价值上下波动，达到动态平衡。

价格机制是市场经济条件下最主要的市场机制，通过价格杠杆可以同时对供给和需求进行双向调节，可以使供给和需求双方直接做出相应的反应，合适的定价可以给需求者一个水有多贵的准确概念，能够带来水资源的节约，优化水资源的配置。

2.1.2.5　水资源的定价方法

水资源价格确定方法，目前国内外常采用的主要有：边际机会成本法、影子价格法、机会成本法、替代费用法、供求定价法、完全成本法等。

1. 边际机会成本法

边际机会成本法认为当市场达到供求平衡状态时，水的边际效益等于边际成本，边际成本定价是指增加单位水量所付出的总成本的增加量，它包括为了获得资源，必须投入的直接费用、使用此资源的使用成本（替代成本）、外部成本。该方法的实质是如何用经济学来衡量使用资源所付出的代价，强调使用资源必须弥补所付出的环境代价及外部利益缺陷，利用资源必须加强环境管理。

考虑到水资源用途多样性、水资源不可替代性，水资源利用对自然环境的影响目前较难全面评估，使用该办法测算水资源价值有较大难度：①计算使用此资源的使用成本一般假设依赖于计划建设的水源工程，此替代的水源工程存在多种选择，单一选择某一工程难免牵强；②没有考虑水资源水质对水资源价格的影响，忽略了水质的水资源价格是片面的（苏渊，2008）。

2. 影子价格法

影子价格称为最优计划价格或效率价格，它反映有限资源或产品在最佳合理配置条件下的边际贡献或边际效益。利用影子价格理论可以为市场化条件下资源的合理配置和有效利用提供价格信号和计量尺度，充分反映资源的稀缺程度、提高资源的利用率（袁汝华等，2002）。其理论基础是边际效用价值论，将资源的稀缺性与价格很好地进行联系。影子价格可以通过求解线性规划来获得，但是实践起来困难很大，由于线性规划涉及面广，水资源只是众多资源中的一种，与它相联系的产品有几百种甚至几万种，数据量要求大，模型庞大，求解十分困难。另外，水资源影子价格与宏观经济、需水量、工程布局等因素密切相关，现实中对这些因素无法进行全面估计。因此，运用影子价格理论解决水资源价值尽管开拓了一些新的思路，但是在实践上还存在难以克服的困难，无论在理论上还是求解方法上均有待于完善和提高。

3. 机会成本法

使用一种资源的机会成本是指把该资源投入某一特定用途后所放弃的在其他用途中所能够获得的最大利益。通过资源占用的机会成本来反映水资源的影子价格，以放弃的各类收益机会中单位资源所获得的最大边际收益表征，其关键是准确计算放弃的最大边际收益。地租理论即是计算水资源影子价格的机会成本方法的基础。该方法较直观，易取得数据，但代表性不一定好。

4. 替代费用法

由于水资源的稀缺性、有限性，随着人类社会对水资源的需求和消费不断增加，两者之间会造成矛盾，为了保障水资源再生循环的自然规律不被打破，人类需为此付出的成本和代价加以间接表示水经济价值。替代费用法以反映水资源再生产成本或作用的其他途径和信息近似替代水资源的影子价格（倪红珍，2007）。替代费用法包括恢复代价法（再生产费用、重置成本法，如以污水处理成本或修建蓄水、引水工程的代价表示）、缺水损失法。该方法较直观，易被决策者或利益相关者接受，具有较好的接受度，数据易取得，但可能与真正水资源影子价格存在较大的偏差，通常低估了水资源经济价值。

5. 供求定价法

供求定价模型由美国詹姆斯和李提出，假设水的市场价格能够很好地反映商品水的经济效用价值，即可根据需求价格关系确定商品水的价格作为商品水的经济价值。其表达式为

$$Q_2 = Q_1 \left(\frac{P_1}{P_2} \right)^E \tag{2.1}$$

式中：Q_2 为调整水价后的用水量；Q_1 为调整水价前的用水量；P_1 为原来的水价；P_2 为调整后的水价；E 为价格弹性系数。

利用式（2.1）推求，水资源价值为水资源生产成本和利润。但是，供求定价模型还需进一步完善原因为：①由于目前商品水的市场处于一种准市场状态，水的市场交换价格一般难以代表商品水的经济效用价值；②公式没有考虑水资源的功能关系，水资源价格与功能有着密切的关系；③公式没有考虑生态影响，考虑生态影响后的，套用公式有可能会得出负值（孙敏，2003）。

6. 完全成本法

完全成本法主要根据水资源价值构成来确定价格，水利工程供水是商品，水商品的价格应反映价值构成中的全部社会成本，即资源成本、工程成本、环境成本。

水资源价值包括产权价值、劳动价值、使用价值、补偿价值。

水资源具备产权所有者——国家，各类用水户就是水资源的需求方，使用者要向所有者支付一定的费用，补偿所有者的产权收益，构成了水资源产权价值，此价值构成了水价格的资源成本，资源成本进入水价可以有效地对水资源开发利用进行保护；水资源劳动价值包括管理维护投入（前期规划投入、水资源保护投入、水资源恢复投入）、资源开发投入（水源工程投入、供水工程投入），这些投入构成了水资源价格的工程成本。工程成本体现的是对供水工程可持续供水能力的保护。随着人类社会的发展，水资源由天然水循环过程演变成了具有人工侧支系统的二元水循环过程，人类用水过程会带来一些外部性影响。具体表现在人类用水减少了天然生态系统的用水量，造成了一定程度的生态退化，生态退化会给其他用水者的利益带来一定程度的影响，为了减轻用水过程中的外部性影响，国家要向使用者收取适当的补偿，此部分主要构成水价格中的环境成本，水价格中设置环境成本体现的是开发利用水资源这一过程，通过水价经济杠杆的作用，来确保水资源承载能力和水环境承受能力。

价值决定价格。根据水资源价值构成确定的完全成本即由资源成本、工程成本、环境成本三部分组成的全部成本。

完全成本法根据水资源价值构成，供水服务所要求的资源成本、工程成本、环境成本来确定水资源的价格，是在现行政策体制框架下，人们相对容易接受、实施的定价方法。我国现行水利工程水价等大多数商品水的水价是按照这种理论制定。

2.1.3　水价形成机制

2.1.3.1　水价含义及构成

水价是指特定水资源量的水权或产品水作为商品在水市场中进行交易时的价格。其中天然水资源与产品水的水价组成又有不同。

天然水资源的价格即水权的资本化成本，主要是指政府通过水资源的初始分配，赋予本来没有价值的特定水资源的水权价格，以及伴随产生的管理成本，某种意义上可以等同为水资源费。产品水的价格是在水权资本化成本的基础上，增加了供水成本、环境成本和必要的利润。

2.1.3.2　水价的形成机制

水价的形成机制包括政府定价和市场价格形成机制两种类型。

1. 政府定价

政府定价是指政府根据一定的标准，采用特定的定价方法，对水资源或产品水水价进行规定的一种水价形成机制。由于供水行业具有明显的公共性和外部性，使其具备自然垄断的条件和特征。为避免供水行业的无序竞争或垄断经营，需要政府介入管制，通过政府定价的机制来保障该行业健康发展。

目前，常见的政府定价的方式包括边际成本定价、平均成本定价、拉姆齐定价模型等。边际成本定价是指完全竞争市场在帕累托最优条件下依照边际成本制定水价，理论上讲，按照边际成本确定水价是一种最理想的选择，此时社会福利最大化；平均成本定价是指按照供水企业既不亏损也不获得平均成本之外的额外收益的状态制定水价，此时既能保障供水企业利润，又能使得社会福利最大化；拉姆齐定价模型是政府无法按照边际成本确定水价时，可以按照一个偏离边际成本且使供水企业盈亏相抵的价格来确定水价，以保证社会福利尽可能最大化。

2. 市场价格形成机制

水价市场形成机制可以分为协议转让价格形成机制、拍卖价格形成机制、招投标价格形成机制等。

协议转让价格形成机制本质是围绕水权交易协议进行的水价的磋商机制，即通过买卖双方多轮的讨价还价确定交易水价的方式。协议转让价格形成机制下产生的水价，是在信息完整、无交易成本和无竞争的调价下形成的，不一定等于水权的实际交易价格，但是对于水权管理部门和交易各方确定水权交易价格具有重要的参考意义。

拍卖价格形成机制实质是通过召开拍卖会，由竞买人在底价的基础上增加或减少价格确定交易水价的方式。

相对于水权拍卖，招标投标价格形成机制对投标人的资格和范围进行了限制，降低了竞争程度。相对于协议转让价格形成机制，引入了一定程度的竞争机制。

水权租赁价格形成机制是水资源使用收益的资本化，是综合考虑水权租赁基本费用、水资源质量、水资源使用成本和市场利润水平之后制定的水权租赁价格的一种方式。水权置换价格形成机制是通过节水工程、技术、装备投入与节约转供水量的关系来推算水价的一种方式。

2.1.3.3　实践中常见的水价形成机制

我国供水实践中常见的水价形成机制包括固定收费、单一计量水价、完全成本水价、两部制水价、阶梯水价等。

（1）固定收费。固定收费就是根据用水时间、人口或耕地面积来确定水费，并按月或年缴纳水费，是我国农村农业用水价格形成的常用方式。固定收费没有考虑用水量和用水效率对水价的影响，从而造成了我国农业节水意识淡薄，水资源浪费严重的问题。

（2）单一计量水价。单一计量水价就是只按照用水量指标进行供水价格核定，是平均成本定价或全成本定价的一种表现形式，是我国城市生活用水价格形成的常用方式。单一计量水价管理和实施成本较低，但是忽略了市场供求关系的变化，不利于提高供水企业运行效率。

（3）完全成本水价。完全成本水价实际上是在单一计量水价形成机制的基础上进一步完善而来。其优点是考虑了供水企业成本，也考虑了水资源和水生态成本。但是该机制还是未考虑供求关系变化带来的水价变化，也没有解决因信息不对称造成的政府定价失真问题。

（4）两部制水价。两部制水价是指供水水价由两部分组成，一是基本水价，即与水量无关的固定费用；二是计量水价，即与水量变化有关的费用。两部制水价避免了固定收费不考虑生产成本的局限性，但是并未消除完全成本定价的弊端。

（5）阶梯水价。阶梯水价是根据用水户用水量，将用水量分成若干个阶梯，针对不同的阶梯制定不同的水价的一种方式，是我国城乡生活供水中全面推广实施的水价制度。阶梯水价对于促进节水具有积极的作用，但仍未消除单一计量水价的弊端。

2.1.4　农业水价理论

2.1.4.1　农业水价的概念

农业水价，顾名思义，指供给农业部门的水资源的价格。考虑到农业生产的多功能性和特殊性，国家在水价政策制定方面对农业水价给予了特殊的规定，《水利工程供水价格管理办法》明确界定了农业水价是水利工程供给农业用水的价格。

无论从农业的基本特征还是面临的现状以及国家在水价方面的政策规定方面，都明确了农业水价的公益性和政策性。也就是说，在市场经济条件下，农业水价的制定并不能完全按照市场原则来核定，而还要考虑到农业用水的特殊性。因此，农业水价具有如下几个特性。

（1）公益性。农业生产本身具有极强的公益性，除了满足全社会的食品安全，对维护社会稳定具有重要的战略地位之外，农业生产还对地区的生态环境等有着重要的作用。农业用水作为农业生产最基础的资源要素之一，其在参与农业生产过程的同时，也为社会提供了上述公益服务。农业用水供给部门在为农业生产提供用水的同时，必然要从全社会的角度来考虑农业用水的公益性，因此其制定的价格水平，不可避免地要考虑到这一点。

（2）政策性。我国农业供水绝大部分是由专门的水管机构来完成，这些专门的水管机构在完成供水的同时，也承担着供水系统的管理维护工作和地区灌溉管理工作。同时，农业供水部门还承担相当一部分农业抗旱等工作，一旦某地出现农业干旱，这些水管部门也会根据国家政策方针，及时采取包括无偿供水等多种方式帮助农民抵御农业干旱，因此农业水价具有很强的政策性。

（3）非强制性。商品经济的一个基本原则是交换原则即俗称的一手交钱、一手交货，但农业供水面临的农业是个特殊的行业，农业供水部门也面临着农民这一特殊的弱势群体，供水保生产属于当地政治任务，属于头等大事；而收水费只是水管部分的工作，很多地方都采用先供水后收水费的做法，这就造成了一些农民用水户拒缴水费现象发生。加上农业供水，尤其是渠系供水的特殊性，也没法杜绝偷水现象，农业水价计收的非强制性特点比较明显。

2.1.4.2　农业水价的理论机制

1. 需求理论

（1）供给者角度分析。根据经济学原理，成本是制定价格的基础，成本高低决定着价格水平。这里的成本是社会平均成本，并非单个成本。按现行水价政策和国家产业政策，农业供水实行成本定价，从宏观角度讲，成本作为经济界限，是水利工程简单再生产得以维护的最低需要。所以，成本是制定农业水价的主要依据。由于水利工程供水的自然垄断性和水资源条件的差异，供水成本难以界定和合理控制。从理论上讲，按成本定价既符合国家政策又能被农户接受。对于供水者来说，供水水价如果随着成本的合理增加而相应提高，那么增加的水价可以弥补供水成本增加，供水单位的利益得到保证，供水积极性提高，供水工程能够正常运行。但在实际工作中，仅仅按照成本确定供水水价，有可能导致供水单位仅仅依靠提高供水价格作为保障正常供水的主要手段，疏于考虑和采用工程节水技术提高供水保证。供水单位节水相当于减少自己的收入，因此将最终导致供水系统功能减退，渠系水利用系数降低，水资源利用率低下，同时供水成本难以得到用水户承认或接受，使水管单位趋于窘境，农业供水价格改革遇到阻力（汤莉，2006；陈新业，2010）。另外，供水水价如果没有按照成本来调整或者调整力度不足，与供水成本没有建立相应的联动，水价往往达不到供水成本，无法补偿增加的供水成本，导致灌溉水利工程因缺乏维修养护资金，老化损坏严重，综合效益衰减，长此以往工程将处于恶性循环状态，供水单位也因低价供水财务状况不佳，只能由国家财政补贴维持简单的低效运行。

综上所述，在目前的供水体制条件下，现行的水价制度既不鼓励供水单位减少水的供给，农民也没积极性采取节水灌溉措施，现行农业水价并没有降低水资源的消耗。从供水者角度考虑提高水价，可以提高供水单位的经济收益，但一定程度上降低了农户的收入水平，影响农户对农业生产的再投入。因此，为了促进农业产业的可持续发展及水资源的合理高效利用，抑制水资源的不合理使用，必须对现行水价制度进行改革，建立考虑用水户行为的水价调整机制，加快建立农业节水补偿机制等相关其他制度的配套改革措施。

（2）需求者角度分析。我国是一个发展中的农业大国，农业人口比例较高，所以，稳定农业，保证农业生产平稳发展和粮食安全，是一项长期基本国策。我国大部分地区，农民农业收入增长缓慢，有些地区还是负增长，由于粮价比较稳定，而农业生产成本居高不下，如种子、农药、化肥、柴油、机耕费等价格呈上涨趋势，农户农业收入有限，而农业生产成本上升过快，入不敷出，致使农业生产投入减少，表现为农户对水价承受能力较差。另外，当初修建水利工程时，农民投入大量的人力、物力，在这种情况下，向农民收取全成本水价而没有相应的配套管理补偿措施，农户对水价的心理承受能力也不够。以上两方面因素共同作用使得作为水利工程管理单位的供水市场变得十分脆弱。

如果单纯以提高农业用水价格来促进农业节水，农民一算账，用水灌溉所增加的收入还不够所交水费的，农民就放弃灌溉用水了，造成农作物减产甚至农田荒废，不利农业的发展，从而导致更多的农业灌溉水资源向非农产业转移，最终产生农田、农业用水被挤出农业生产领域的效应。

如果农业水价偏低，忽视了水资源的稀缺性和商品属性，水价的经济调节杠杆作用难以发挥，农民不珍惜、不节约水资源，不采用节水技术和措施，导致水资源浪费严重，生态环境恶化。只有当水价的增长速率大于投资农业收益率的增长时，农户才会考虑采用节水措施。

2. 成本理论

从灌溉供水者角度分析，农业供水价格的最低界限是工程的运行成本。农业供水工程供水的运行成本泛指投资成本以外的维持供水基本运行的成本支出。成本支出如无补偿资金来源，就会影响到正常供水能力的发挥和供水工程的安全。因此，在无财政补贴的情况下，农业供水水价不能低于工程的运行成本。

从用水需求者角度分析，农业供水水价要考虑用户的用水价格承受能力，水价超出承受能力时，农民购水意愿就会减弱，农业用水就会大幅减少，农业水价就没有上涨空间。因此，考查农业用水水价时，要重点研究农民对水价上涨的承受范围和承受区间。

农业供水服务提供的灌溉用水季节性强、地域性明显，与水资源的丰度、降雨密切相关，还受灌溉和田间工程、种植结构等因素影响，因此，农业灌排基础设施具有准公共物品特性，其供给的主要责任在政府。另外，农业供水的服务对象农民用水户和灌溉农业是我国的弱势群体和弱质产业。根据我国国情，农民用水户一般都参与了灌溉工程的集资和建设，购买灌溉用水也是为农业生产服务，具有多种社会功能，为社会、生态、环境创造了大量的外部效益，具有较大的正外部性。

综合来看，农业水价制定必须要反映供水成本。长期实行低于成本水价供水势必会对水需求形成过度刺激，不利于水资源的节约保护和可持续利用，导致供水单位运行困难，影响正常供水。所以，工程水价上涨是一个客观、长期的趋势。

农业供水成本水价仅用农业供水生产成本与供水生产费用两大部分来核算，没有考虑外部性所带来的影响也是不合理的。根据外部性理论，农业水价制定需要充分考虑灌溉农业正外部性和灌溉供水服务的影响，根据"谁受益、谁负担"的原则，灌溉系统成本费用要在各受益对象之间合理分摊；充分考虑农民用水户对农业水价的承受能力的基础上，对灌溉农业生产进行合理的财政补贴是重要的可行措施。

3. 价格杠杆理论

《水利工程供水价格管理办法》第十条明确规定，农业用水价格按补偿供水成本、费用的原则核定，不计利润和税金。这条规定将水利供水价格纳入了商品价格范畴，而不计利润和税金则是考虑到农业是弱质产业，从切实减轻农民负担的角度逐步实现农业成本水价。可见，合理提高农业水价，逐步实行农业供水成本水价，通过水价杠杆作用提高水资源的利用效率是农业水价改革的最终目标。

《水利工程供水价格管理办法》中，把正常供水生产过程中发生的直接工资、直接材料费、其他直接支出及固定资产折旧费、修理费、水资源费等制造费用归结为供水生产成本；把组织和管理供水生产经营而发生的合理销售费用、管理费用和财务费用归结为供水生产费用。因此，按《水利工程供水价格管理办法》的规定，农业供水成本包括构成以上供水生产成本与供水生产费用的组成部分。这种方法主要是从财务核算的角度对农业成本水价进行确定。

从成本角度分析合理性，主要是通过对农业供水服务的内部成本、外部成本分别进行考查，分析是否包括了农业水价的全部成本。对内部成本的考查，着重分析内部成本是否合理、是否科学、是否必要，考查后认为是由于本身管理不善、供水不科学引起的成本就应该剔除出成本水价。外部成本考查，主要是根据外部性理论，对农业供水服务和灌溉农业生产的外部性引起的现行成本是否在水价中考虑进行研究。灌区供水单位是非营利性的服务机构，其农业供水服务是具有显著正外部性的生产活动，在成本水价组成中，要考虑政府财政对灌溉供水服务的补偿。

从供水者角度考虑，农业水价是对农业供水服务的定价；从用水者角度考虑，农业水价则是从事农业生产对供水服务所补偿的费用。因此，分析农业水价的合理性问题，包括从供水者的角度分析农业供水服务成本合理性和从用水者的角度分析服务补偿费用的合理性两个方面。

从用水者的角度分析服务补偿费用的合理性，应从灌溉农业的多功能性、农业是国民经济的基础产业、农民是弱势群体角度考虑，工业反辅农业的角度，农民为获得生产用水对供水服务的补偿费用应在国民经济内部进行合理分摊，在农业水价制定中充分考虑农民用水户对水价的承受能力。

2.1.4.3　农业水价基本构成

根据《水利工程供水价格管理办法》，我国农业水价制定的基本原则是补偿供水生产成本和费用而不考虑利润和税金，在这个原则下，农业水价的基本构成为

$$P = P_R + C_S \tag{2.2}$$

式中：P 为农业用水价格；P_R 为源水价格；C_S 为供水成本。

在一个典型的灌区内，农业灌溉用水的输配水系统一般包括引蓄水工程、干支斗农（毛渠）等渠道。因此，输配水系统的供水成本又可进一步细分为以下几部分：

$$C_S = C_1 + C_2 \tag{2.3}$$

式中：C_1 为支渠以上灌区骨干工程供水系统的供水成本；C_2 为末级渠系供水系统的供水成本。

如果从理论上来论述，农业水价中的源水价格实际上就是水资源价值，传统的农业水价定价机制中，一般只考虑斗口以前的供水成本，与此对应的，水管单位的管理界限也到斗口以上。这就造成了末级渠系无人管理的状况，尤其是中央对提留统筹等农村政策的取消，村委会也不能强制摊派末级渠系的维护工作，这就造成了末级渠系缺乏维修养护，致

使输配水堵在"最后一公里"上。

中央和地方为了解决末级渠系有效管护的问题，提出了终端水价改革的思路，就是实现从水源到田间的全成本核算，国管部分水价由国管工程征收，末级渠系部分的水价由农民自己组建农民用水户协会负责，通过农民自治组织来解决末级渠系的有效管护问题。

2.2 农业补贴理论

本节重点介绍了农业补贴的相关基础理论，从农业补贴的基本定义，介绍了 WTO 农业补贴规则，重点介绍了农业补贴的三大理论基础，即公共财政理论、非均衡理论与多功能性理论。

2.2.1 定义与规则

2.2.1.1 基本定义

补贴，即国家各级政府、公共机构等，通过补偿、津贴、奖励的方式，支付集体或个人款项，或就价格、收入等方面提供支持的行为。农业补贴，多指各级政府（财政）对农业生产、流通和贸易进行的支持，对相关集体、个人提供补助、奖励的行为，是保护当地农业发展最重要、最常用的政策工具（常宇方，2017）。

农业补贴的设置，意味着国家财政将资金、资源向农业产业引流，就我国发展现状来看，其在经济、社会、生态等多方面体现了其积极功能，包括：调节各产业（农业、工业、服务业）分配差异，减少城市与农村收入差距；增加农业相关就业，稳定粮食产量；促进工业化、城市化发展与农业农村协调发展，保护生态环境，保障可持续发展等。

2.2.1.2 WTO 农业补贴规则

世界贸易组织（WTO）将国家补贴依据颜色进行了分类，包括禁止发放的红箱补贴，需减少发放的黄箱补贴，允许发放的绿箱补贴，针对生产力低下项目的蓝箱补贴，以及针对发展中国家的发展箱补贴。自 1994 年乌拉圭回合农业谈判后，农业贸易内容也纳入了 WTO 规范内，各国农业补贴也需在其框架下开展。

1. 红箱补贴

农业补贴方面，WTO 并未明确设立禁止的红箱补贴内容，但允许或需减少补贴的农业项目，也需满足条件限制；同时依旧有"强制"或"禁止"的情况。如针对各国对减少排放的承诺，国家补贴若造成"超额"排放的，将予以"禁止"。

2. 黄箱补贴

基本上，国家补贴如果扭曲了某些产品的生产和贸易，包括影响其价格和质量的，都属于黄箱补贴，且需要承担削减的义务。农业补贴方面，即补贴对具体农产品（或所有农产品）的支持，只要其 AMS（Aggregate Measurement of Support）值不超过该产品生产总值（或农业生产总值）的 5%（发展中国家为 10%），就无须削减。1986 年乌拉圭回合农业谈判后的改革时期，明确有 32 个国家超过了补贴标准（扭曲了市场）并许诺要削减此类补贴，其中包括美国、俄罗斯、日本等。

3. 蓝箱补贴

如果补贴伴随限制农民生产的情况，其就可归入蓝箱补贴，其主要目的，为了减少产品和生产贸易的扭曲。由于目前蓝箱补贴并没有限制补贴金额，所以在现有协议中，部分国家将其视为摆脱"扭曲补贴"归类（黄箱或红箱），同时避免贫困的重要手段，所以想保留蓝箱补贴；部分国家则认为蓝箱补贴应予以限制或设置削减承诺。

4. 绿箱补贴

允许使用、不必承担削减义务的补贴即为绿箱补贴。为归类至绿箱补贴（允许补贴），其国家补贴不得扭曲贸易，或将扭曲削减到最小。绿箱补贴必须由政府支付，而不是通过指定更高的价格让购买者买单，也不许依靠价格支持。绿箱补贴往往不针对特定产品，其包括对与当前生产水平或价格无关（与之脱钩）的农民的直接收入支持，还包括环境保护和区域发展方案。因此，对于符合 WTO 所列绿箱补贴范围的具体政策标准，并没有限制。

2.2.1.3　补贴规则对国家的影响

WTO 成员上诉有关机构请求解决的贸易争端案件中，较为经典的补贴争端案例，为澳大利亚、巴西与泰国诉欧共体糖补贴案（DS266）和美国高地棉补贴案（DS267）。两个农业补贴相关案例，其裁决均为发展中国家胜诉，迫使发达国家改变其农业补贴政策以符合 WTO 规范。

但各类案例表明，发达国家在 WTO 规范下，依旧存在未能遵守农业协议，造成国际农业影响、损害发展中国家农业利益的情况；甚至在败诉后拖延政策改善时间的情况。面临错综复杂的国际形势，发展中国家与发达国家的不对等地位，如何充分利用农业补贴加快我国农业农村发展，助力世界各国的农业角力，又不逾越 WTO 规范，制定我国的农业补贴。

2.2.2　农业补贴的理论基础

2.2.2.1　公共财政理论

1. 农业产品的公共性

农业产品与公共财政有着密不可分的关系，其根本在于农业产品的公共性。根据现代经济学概念，公共产品需具备非排他性与非竞争性（查尔斯·M. 蒂布特等，2003）。

非排他性即此产品生产后，任何人不能阻止别人消费它，任何人自身又必须消费它。农业产品作为人类赖以生存的存在，任何人必须消费、食用；即便有人囤积粮食，但是其能食用的粮食、粮食的存储时间有限，无法对他人造成"阻止"；抛开身处战乱需强占食物的国家不论，我国目前任何人也无权阻止别人购买粮食，国家也会通过公共政策手段，确保粮食的分配，保障每个人享用粮食的权利。

非竞争性即此产品生产后，任何人对其消费后不会减少他人消费的受益。随着科技不断发展、粮食生产力的不断提升，那些生产力低下、"靠天吃饭"的情况已逐步成为历史，老百姓都可以买到粮食、解决温饱。享受基础的粮食需求得到充分满足，并不会因为"多吃一碗饭"，就导致别人"消费不到米"。即便在特定食物短缺时期，国家也会通过公共政策手段，稳粮调蓄、保障需求。

2. 公共财政对农业的作用

著名的财政专家理查德·阿贝尔·马斯格雷夫（Richard Abel Musgrave）提出了财政的三大职能：资源配置、收入分配及宏观经济稳定。根据其理论，通过安排补贴以加快农业、交通运输等公共性产业发展，正是实现稳定经济的主要手段之一。农业产品作为公共产品，其不可或缺性不言而喻，所以当农业基础设施建设、人员培训、农业科研等，面对"市场失灵"的风险时，仍需确保"食为天"的这个"天"不能塌下。需要市场以外的力量，即通过公共政策手段来弥补农业需求，填补产品空白。

2.2.2.2 非均衡理论

1. 农业的非均衡性

作为最早出现的产业，农业相较第二、第三产业，存在市场化水平不均衡的情况。从"天"来看，农业免不了受天气因素影响，大量农民依旧"看天吃饭"，存在"颗粒无收"的风险；从"地"来看，在设施农业、机械化农业发展至今，大量农村的"路、水、电"基础设施不比城乡，严重制约着农业发展；从"人"来看，农村缺乏科技人才、缺少创新能力，国内理论研究也预测了当前城乡劳动力市场非均衡性还将继续扩大（张务伟，2011）。

2. 干预市场对农业的作用

农业之于百姓大过天，但农业之于市场，却是"难以发声"，我国城乡之间的人均国民生产总值、市场化水平、投资额差的不均衡，表明了农村农业的比较收益低、竞争力不足、资金吸引力弱，农业注定无法均等地参与完全市场竞争。斯蒂格利茨的不完全竞争市场论，指出了农村金融市场不均衡的情况，并认为发展中国家的金融市场，尤其是农业市场无法做到完全竞争，市场机制对于农业等"弱势"产业的失效，需要依靠政府干预等非市场化的手段来弥补。但是政府干预（信贷、补贴等）仍需把握好度，不能因为无度补贴，破坏了农村金融市场、让农民对政府补贴产生依赖而破坏了市场意识；同时因为农村金融发展的不均衡，需建立健全资金金融系统，包括培训管理人员、监督人员和受益农户，以及建立完善的会计、审计等系统，确保补贴资金正常使用、农业贷款正常还款等。

2.2.2.3 多功能性理论

1. 农业的多功能性

（1）生产供给农产品功能。农业的核心功能便是生产粮、油、经济作物、养殖产品等农产品。从马斯洛的生存层次理论而言，人类最基础的需求，即为生理、生存（彭聃龄，2003），而确保农业的粮食生产功能，确保粮食安全，是维持人民生存需要的基础。

（2）推动经济社会发展功能。农业作为第一产业，也意味着其发挥着社会功能。从古至今，农业是稳定社会，尤其是农村社会的重要支柱，是农业让广大农民，即便农村基础保障条件与城乡的差距很大，依旧可以安然生活、自给自足，靠山吃山、靠海吃海。而随着农业的不断发展，随之而来的是大量农业相关就业，这起到了稳定社会的作用；同时，随着城市居民越来越渴望回归乡村，休闲农业、民宿经济等新型的农业活动形式，也拉动着农村经济的发展。

（3）文化传承功能。良渚文明进一步证实了中华五千年农耕文明，农业传承贯穿着中华历史，农业保存了大量文化瑰宝，丽水通济堰、宁波它山堰、诸暨桔槔井灌、湖州太湖溇港、龙游姜席堰，这些世界灌溉工程遗产，就是祖先传承的农业文化和技术。

（4）生态环境功能。广东的桑基鱼塘传承至今，其"池种桑，桑养蚕，蚕喂鱼"的方式，包含了动植物污染物循环利用，维持生态平衡的智慧。农业是人类为了生存而改变生态环境的一大印证，如今农业与生态环境已融合发展，不可分割。农业与环境需综合评估，就像大量的农业用地，虽然改变了环境，但也维持了我国植被覆盖率和绿化率。

2. 综合视角对农业项目的重要作用

农业项目开展时，需综合考虑当地灌区的种植结构、社会经济基础、当地人的文化习惯及农业生态环境情况。如农业施肥打药的控制水平，时刻影响着生态环境。在推广农业项目时，应研究推广节水灌溉、绿色沟渠、湿地种植养殖等新的农业形式，推动"绿色农业"的发展。

2.3　工程产权理论

本节简要介绍工程产权的基本理论，从产权的定义与内涵开始，介绍了产权的类型、属性和功能，西方产权理论，产权者的权利和义务；重点介绍小型水利工程产权，包括产权的特性、产权变革模式、产权组织形式。

2.3.1　产权的定义与内涵

2.3.1.1　产权的定义

产权理论是现代经济学的重要理论之一，其自身发展进一步完善和丰富了主流经济学。关于产权的界定，到目前为止尚未有形成一个权威的、被普遍接受的定义。新制度经济学的领军人物科斯认为，产权是指一种权利。人们所享有的权利，包括处置某种物品的权利，是实施一定行为的权利。德姆塞茨认为，产权是界定人们如何受益及如何受损，从而一方必须向另一方提供补偿以改变人们所采取的行动，因此产权是指自己或他人受益或受损的权利。产权是一种通过社会强制实现的对某种经济物品的多种用途的选择的权利（屈斐，2013；王凯军，2015；高鸿业，1994；韩小清，2000；闫海峰，2015）。现代学术界普遍认为，产权是由经济活动的主体所拥有的并被社会承认的一组具有经济价值的权利。产权的内涵在西方产权理论中比所有权宽。简而言之，产权是经济所有制关系的法律表现形式，是关于财产的一束权利，包括所有权、占有权、使用权、收益权、处分权、转让权、抵押权等（韩小清，2000；常瑜等，2016）。

2.3.1.2　产权的内涵

产权在英文中是个复数名词，即 Property Rights，这意味着产权是一组权利束（沈建芳等，2015），主要包括所有权、占有权、使用权、收益权和处分权。

（1）所有权。所有权是"财产所有权"的简称。所有权是依法对自己的财产，所享有的占有、使用、收益和处分，并排除他人干涉的权利，是最主要的、基本的物权。所有权对物有直接支配的权利，这种权利不待他人的积极配合就能实现。所有权的客体是物，而且总是特定物。所有权的内容，就是所有人对物的占有、使用、收益和处分的权利（王利平，2019）。

（2）占有权。占有权指占有某物或某财产的权利，即在事实上或法律上控制某物或某财产的权利。占有权是所有权最重要的权能之一，是行使所有权的基础，也是实现资产使用权和处分权的前提。在通常情况下，资产一般为所有人占有，即占有权与所有权合一；但在特定条件下，占有权也可与所有权分离，形成非所有人享有的独立的权利。

（3）使用权。使用权指在不改变财产的所有权而依法加以利用的权利。通常由所有人行使，但也可依法律、政策或所有人之意愿而转移给他人。如我国国家财产的所有权属于中华人民共和国，而国家机关、国有企业和事业单位根据国家的授权，对其所经营管理的国家财产有使用权。

（4）收益权。收益权指获取基于所有者财产而产生的经济利益的可能性，是人们因获取追加财产而产生的权利义务关系。收益权是所有权在经济上的实现形式。所有权的存在以实现经济利益和价值增值为目的，这最终体现在收益权上。收益权是指权能的权能，作为实现所有物价值的基本手段，在市场经济高度发达的现代社会，已上升为所有权最核心的权能。

（5）处分权。处分权是财产所有人对其财产在法律规定的范围内最终处理的权利，即决定财产在事实上或法律上命运的权利。其包括资产的转让、消费、出售、销毁、丢弃处理等方面的权利。处分权是产权的核心，是财产所有人最基本的权利。处分权在多数情况下由所有人享有，但在某些情况下，也可以使所有权与处分权分离，形成非所有权依法享有的处分权。

2.3.2 产权的类型

产权分公有制产权和私有制产权两类。

2.3.2.1 公有制产权

公有制为主体、多种所有制经济共同发展的基本经济制度，是中国特色社会主义制度的重要支柱，也是社会主义市场经济体制的根基（王丛虎，2014）。我国的公有制产权形式主要有国有产权、集体产权两种。

（1）国有产权。国有产权是指国家对财产所拥有的权利，包括国家对物质形态财产的所有权和国家对非物质形态财产的所有权。在不同的社会制度下，国有产权具有不同的内容，一般来说，社会主义的国有产权采取全民所有的形式，资本主义国家的国有产权则是采取国家机构所有的形式。

（2）集体产权。集体产权是集体经济组织所共有的产权，强调集体成员的身份特征。集体产权只是集体成员在集体中的成员身份具有的经济权利束的综合体现，集体产权对集体外人员的排他性和集体成员的成员权的稳定共享性是缺一不可的。也就是说，一个人要拥有某种集体产权就必须首先确定自己的集体成员身份特征，即成为该集体的一名正式成员（徐旭初等，2021）。

2.3.2.2 私有制产权

私有制，指相对于公有制的经济制度，在这种制度下，财产进行个人或集体的排他性占有。私有制是高效率的经济社会基本标志之一，生产力的发展是产生私有制的原因。在私有化的制度下，产权关系相对明晰，即可以明确界定企业的产权归谁所有（熊峥，2021）。

个人财产权指社会主义国家公民依法享有的对个人财产的所有权，是公民的基本财产权之一，也是社会主义所有权制度的重要组成部分，与全民所有制、集体所有制都受到法律的保护。公民对于自己所有的财产，依法享有占有、使用、收益和处分的权利，任何人都不得非法干涉。

2.3.3　产权的属性和功能

2.3.3.1　产权的属性

产权的属性主要包含排他性、独立性、可交易性、可分解性、收益性和法律性等内容（蒲国蓉等，2005）。

（1）排他性。产权体现的是资产归谁所有及归谁支配、运营这样一组经济行为的法律关系，因此，产权主体明晰，资产归属明确是产权的基本特征之一。排他性包含两方面的内容：一方面明确所有者主体，即明确资产归谁所有、归谁使用等；另一方面是明确所有者客体，即明确归某个所有者占有、使用和支配的是哪些产权和哪些权利。

（2）独立性。产权关系一经确立，产权主体就可以在合法的范围内自主地行使对产权的各项权利，谋求资产收益最大化，而不受同意产权上其他产权主体的随意干扰。

（3）可交易性。产权是商品经济高度发展的产物，它体现为资产交易市场中的动态性财产关系，还规定了交易过程中的资产权利界定。产权转让又有两种形式：一种是包括所有权各项权能在内的整个所有权的转让；另一种是保留股权而将所有权的占有、使用、收益与处分权转让，形成法人资产权。

（4）可分解性。对特定财产的各项产权可以分属于不同主体的性质。例如：土地的狭义所有权、占有权、支配权和使用权分开来，分属于不同的主体。产权的可分解性包含两个方面的意义，即权能行使的可分工性和利益的可分割性。

（5）收益性。产权所有者凭自己对财产的所有、使用而获取利益的权利，是产权所有者谋取自身利益，实现资产增值的主要手段，失去了收益性，所有权就没有了任何经济意义。

（6）法律性。产权关系是法律确认各种经济利益主体之间对财产的占有、使用、收益和处分而发生的权利、义务关系，是一定历史时期的所有制形式在法律上的表现。产权的确定必须以国家法律为前提。

2.3.3.2　产权的功能

产权的功能是指产权在社会经济关系和经济运行中所显示出来的作用。产权的基本功能主要表现在以下几个方面（吴燕，2005）。

（1）激励和约束功能。产权实质上是一套激励和约束机制，它决定和规范人们的行为，决定人们拥有什么和不能拥有什么，可以做什么和不可以做什么，在行使产权的过程中，个人就是根据社会安排的权利在权衡成本和收益之后而采取行动的。由于产权的利益是有限度的，因而在确认和保证其可以得到什么的同时，也确定了它的利益边界，限制它不可能得到更多的利益。这种就是约束功能，其实质是激励的反面。

（2）收益分配功能。产权之所以有收益分配功能，是因为产权的每项权能都包含一定的收益，或者拥有产权可转化供人们享用的各种物品和服务或者是取得收益分配的依据。所以产权的界定也必然是利益的划分。

（3）优化资源配置功能。产权的资源配置功能，主要缘于产权的排他性的使用权、让渡权和收益权三个重要因素。排他性决定谁可以在一个特定方式下使用一种稀缺资源的权利，它意味着除"所有者"外没有任何个人或组织具有使用该种资源的权利，除非得到所有者的许可。让渡权则是指将所有权再安排给其他人的权利。而收益权则是不同权能的最终体现。有了排他性，所有者便有权决定财产的使用方式，它获取剩余索取，并对自己的行为和决策承担全部责任，这就保证了所有者激励自己把资源配置到使用效率最高的地方。而让渡权则可使不善于生产的产权所有者将产权转让给善于运用这些资产的人，从而提高整个社会的资产使用效率。

（4）协调功能。财产关系的明晰及其制度化是一切社会得以正常运行的基础，现代化市场经济条件下财产关系更加复杂和多样，这就要求社会对各种产权主体进行定位，以建立和规范财产主体行为的产权制度，从而协调人们的社会关系，保证社会秩序规范、有序的运行。

2.3.4 西方产权理论

科斯定理是指在某些条件下，经济的外部性或者说非效率可以通过当事人的谈判而得到纠正，从而达到社会效益最大化。科斯定理由以下三组定理构成（Medema，2020；Hervés-Beloso et al.，2021；王雷，2017；杜欣月，2011）。

（1）科斯第一定理：如果交易费用为零，不管产权初始如何安排，当事人之间的谈判都会导致那些财富最大化的安排，即市场机制会自动达到帕累托最优。如果科斯第一定理成立，那么它所揭示的经济现象：任何经济活动的效益总是最好的，任何工作的效率都是最高的，任何原始形成的产权制度安排总是最有效的，因为任何交易的费用都是零，人们会在内在利益的驱动下，自动实现经济资源的最优配置，因而，产权制度没有必要存在，更谈不上产权制度的优劣。然而，这种情况在现实生活中几乎是不存在的，在经济社会一切领域和一切活动中，交易费用总是以各种各样的方式存在，因而，科斯第一定理是建立在绝对虚构的世界中，但为科斯第二定理做了一个重要的铺垫。

（2）科斯第二定理：通常被称为科斯定理的反定理，其基本含义为：在交易费用大于零的世界里，不同的权利界定，会带来不同效率的资源配置。也就是说，交易是有成本的，在不同的产权制度下，交易的成本可能是不同的，因而，资源配置的效率可能也不同，所以为了优化资源配置，产权制度的选择是必要的。科斯第二定理中的交易成本，是指在不同的产权制度下的交易费用。在交易费用至上的科斯定理中，它必然成为选择或衡量产权制度效率高低的唯一标准。

（3）科斯第三定理：描述了这种产权制度的选择方法，主要包括四个方面：①如果不同产权制度下的交易成本相等，那么，产权制度的选择就取决于制度本身成本的高低；②某一种产权制度如果非建不可，而对这种制度不同的设计和实施方式及方法有着不同的成本，则这种成本也应该考虑；③如果设计和实施某项制度所花费的成本比所获得的收益还大，则这项制度没有必要建立；④即便现存的制度不合理，然而，如果建立一项新制度的成本无穷大，或新制度的建立所带来的收益小于其成本，则一项制度的变革是没有必要的。

2.3.5 产权者的权利和义务

2.3.5.1 产权赋予的权利

作为产权者拥有者，被赋予占有权、使用权、收益权、处置权、交易权等权利。

①占有权。获得对属于自身资产事实上的控制权利。

②使用权。在不改变财产的所有权下，依法使用属于自身资产的权利，通常由所有人

行使，也可依法律、政策或所有人之意愿而转移给他人使用的权利。

③收益权。获取基于自身资产而产生的经济利益的权利。

④处置权。变化资产的形式和本质的权利。

⑤交易权。全部让渡或部分让渡资产的权利。

2.3.5.2　产权者承担的义务

产权不是人与物之间的关系，而是指由于物的存在和使用而引起人们之间一些被认可的行为性关系。产权分配格局具体规定了人们那些与物相关的行为规范，每个人在与他人的相互交往中都必须遵守这些规范，或者必须承担不遵守相关规范的成本。

2.3.6　小型水利工程产权

2.3.6.1　小型水利工程的特性

水利是国民经济和社会发展的基础设施和基础产业，也是农业的命脉。小型农村水利是水利基础设施的重要组成部分，对于促进地区农业增产、农民增收、农村稳定、农村振兴等方面具有十分重要的作用。中华人民共和国成立以来，在党中央和国务院的领导下，各地积极兴修水利，大搞农田水利基本建设，发展灌溉农业，取得了显著成绩，加快了农村水利事业的发展。相对于其他工程，小型水利工程具有以下明显的特性（刘敏，2015；赵建梅，2021）。

（1）基础性。小型水利工程在农村生产过程中抵御自然灾害、改善生活条件和生活环境等方面发挥着重要作用，在国家社会经济发展中具有一定的基础性。特别是小型农田水利工程，工程量大、点多、面广，遍布广大农村每个角落，既为水利系统工程奠定了坚实基础，还与道路交通、农业及供电等基础设施协同构成了社会化服务体系，充分体现了小型水利工程在基础建设中的重要作用。

（2）公益性。水利工程在社会上承担着水产养殖、生活供水及农田灌溉等各式各样的功能，也有着防洪抗旱和除涝降渍的作用，充分体现了水利工程有较强的公益性。国家每年都会投入一定的人力、物力和财力在水利工程建设和维修养护上，而水利工程的建设重要原因是其发挥的公共效益，维系生态环境、保证粮食安全以及防洪抗灾。

（3）系统性。各地面广、量大的堰坝、山塘、渠系等农村水利工程从表面上是单独个体，较为单一。但是各项工程相互串联，个体之间都有一定的关联性，能够相互作用，组成保障农村生态系统、农业生产的大网络，充分体现了该工程的系统性。

（4）无偿性。大多数小型农田水利水利工程建设规模小，无大的技术问题难题，因此建设过程中投资相对其他工程小得多，建成后由地方无偿使用。

2.3.6.2　小型水利工程产权改革模式

随着经济社会发展，小型水利工程的产权在实际生产过程中，不断地变化，以达到工程效益最大化。现状产权改革模式主要有以下两种（顾斌杰等，2014；王健宇等，2015）。

（1）"两权"分离。此改革模式指的是将所有权及经营权分离开来，分别由不同的人员或组织承担，利用合法的手段来为工程寻找经营者。一般所有权为集体所有，为了能够让水利工程稳定的运转，提高经济方面的收益，在经营权转移之后，相关的管护责任需要由新的经营者承担，不需要集体来负责这方面的工作，节省了许多人力物力，经营者需要做好保养工作，让水利工程能够发挥更好的效果，有些经营者为了更高的收益会将资金投入在工程建设中。经营者从水费中得到收益,用收益的一部分来对工程进行保养,这么做可以满足各方的需求。

(2)所有权转移。所有权转移变革更彻底,能够让个人和单位拥有工程的完整权利,这样可以激发民间力量,在建设期就对工程进行投资,根据建设投入取得对应的收益。该方式能够吸引投资者对工程进行建设、维修、提升等活动,充分发挥工程的效益。

2.3.6.3 小型水利工程产权组织形式

小型水利工程产权组织形式变迁,在很大程度上反映了产权社会视角下公共资源的治理过程,从集体所有,逐渐向多元发展(张永杰,2017;赵鹏,2020;高俊峰,2015;王冠军,2010;魏广华,2019)。通过确权颁证,将工程产权明确,工程所有者可采取以下多种组织形式,盘活、激活农村集体资产。主要形式有以下5种。

(1)承包。如果产权方面不存在争议的话,可以根据相关的政策,让有能力的个人或者组织承包工程,也可以展开投标,将水利设施承包给出价最高者。承包者需要遵循承包合同带来相应的责任。

(2)租赁。明确工程的所有权后,可以出租相关的经营权,让租赁者承担相应的管理工作。租赁者可以通过合法的经营来获取收益。从本质上来讲租赁也是分离了经营权和所有权,租赁者在管理权限上比较自由。其租期能够通过协商来确定,并不死板,投资的金额相对比较灵活,相对来说比较有吸引力。承租者需要负担租金及工程的维修保养费用,而且承租权不能转让给别人,如果出现意外,出租方不担负任何责任。

(3)拍卖。拍卖也被叫作竞价承包,工程还是归集体所有,在不改变产权归属的情况下,按照相关的政策,可以进行公开竞标,拍卖工程一定时间内的经营管理权。

(4)股份合作。如果工程的经营性比较好的话可以采用股份合作的办法,根据企业的管理制度来经营工程。此方法就是将工程分为等值的若干股,对此有兴挪的人可以进行购买,入股者在工程取得收益的时候可以得到分红。

(5)用水户协会。用水户协会是用水户合法建立起来的合作用水组织。在相关的单位允许之后,工程的管护权可以由协会承担。而且此协会属于非营利组织,具有自主性。它与相关的政府机构是合作关系,而非上下级。此协会由农民进行监督管理,透明化办公,遇到问题协商解决,落实了公平、公正、公开的原则。

2.4 水权与水权管理

本节简要介绍了水权与水权管理相关理论,包括水权的定义、内涵、特征与属性、权利内容与体系、农业水权及其特点;水权管理体系,包括水权的界定、初始分配的模式,再分配的模式。

2.4.1 定义与内涵

2.4.1.1 水权学说

我国学术界自20世纪末开始关注水权问题,通过不断的研究,逐步认识到水权和水权制度在水资源管理中具有基础性的作用。基于这一认识,在稳步推进政府管理体制改革的基础上,各地积极探索引进市场机制,以期最终建立现代水权管理体系。水权制度探索过程中，国内学者从自身专业角度出发，对水权的定义及其内涵进行了不同的解读。

（1）从产权理论出发，认为水权是产权理论渗透到水资源领域的产物。将水权定义为水资源稀缺条件下，人们对有关水资源的权利的总和（包括自己或他人受益或受损的权利），其最终可以归结为水资源的所有权、经营权和使用权等（姜文来，2000）。沈满洪等（2002）对基于产权理论的水权定义进行了总结和评述，将其概括为一权说、二权说、三权说和四权说。一权说认为水权就是指水资源的使用权（裴丽萍，2001），也有认为水权即取水权，持这一观点的代表人物有裴丽萍、崔建远、王浩等；二权说认为水权包括水资源的所有权和使用权两种权利，持这一观点的代表人物有汪恕诚、李燕玲等；三权说和四权说认为水权是由多种权利组成的，是一个权利束，包括水资源的所有权、使用权、经营权、收益权、转让权等（黄锡生，2005；石玉波，2001），持这一观点的代表人物有裴姜文来、石玉波、黄锡生、蔡守秋、王宗志、胡四一等。

（2）从权利内容和体系出发，认为水权按照不同的标准存在不同的内涵。按主体划分，水权包括国家水权、法人水权和自然人水权（黄辉，2010）；按客体划分，水权包括资源水水权和非资源水水权；按用途划分，水权包括生活水权、工业水权、农业水权、生态水权等；按水资源管理划分，水权包括取水权、配水权、排水权等。也有学者从其他角度提出了"污水水权""生态水权""饮用水权"等水权内涵，并将其归入水权的内容（丁小明，2005；丛振涛等，2006；袁记平，2008）。

（3）从人权理论出发，结合法理角度对水权的权利属性做出解释。人权研究的学者指出水权是一项不可或缺的人权，是人得以尊严生活的必要条件，是实现其他人权的前提条件之一（胡德胜，2006）；法学研究的学者则指出水权并不是司法上的权利，而是生存权或特许权，属于社会性权利（赵红梅，2004）。上述认识，阐述了"水权是具有公权性质的私权"这一观点，有的学者还基于这一观点，提出了"水人权"的概念，认为水人权就是人权法上的水权，是一项基本人权，是一项最基本的生存权。

2.4.1.2　水权的定义

学术界对水权的定义、特征和内容众说纷纭，普遍接受对水权含义的本体论，解释多以产权理论为基础所作，其分歧主要在于水权中是否包含水资源所有权。笔者认为水权的定义应该是一个广义的概念，即水权是权利主体依法对某一水资源量所享有的占有、使用、受益和处分等各种权利的总和，是基于水资源所有权的一个权利束。这也是目前学界普遍接受的观点。

2.4.1.3　水权的内涵

根据水权的定义，水权应是国家法律所规定的、得到社会公认的、满足人得以尊严生活所必需的、围绕某一特定水资源量的一个权力束，它代表了涉水者之间的权利与责任关系。想要进一步理解水权的内涵，必须对作为权利客体的"水"的内涵及水权概念中的"权"的内涵进行科学的界定（王丙毅，2019）。

"水权"中的"水"，国内多数学者均同意将其认定为水资源。但是，不同学者对于水资源的界限却有不同的理解。《中国大百科全书》《中国农业百科全书》《中华人民共和国水法》对水资源分别定义为"地球表层可供人类利用的水，包括气态水、液态水和固态水，一般指可更新的水量资源""可恢复和更新的淡水量""本法所称水资源，包括地表水和地下水"。上述定义均指狭义的水资源概念。《不列颠大百科全书》提出"水资源是指可利用或有可能被利用的水源,是全部自然界任何形态的水",即指广义的水资源概念。根据水权定义所包含的内容,这里所指的水应该是指广义水资源的概念,既包含了"自然水资源",又包含"产品水"。只有在蕴含了人类劳动,已经得以开发利用,独立为一体并为人们所控制和使用的产品水的基础上,才能建立多属性的水权。

"水权"中的"权",国内学术界基于产权理论中关于狭义和广义产权的一致性论述,认为从广义角度去理解水权概念及其内容较为合理。水权的"权"即指围绕着水的一个权力束,它不仅包括对水的所有权(或归属权),还包括所有权权能所涉及的占有、使用、受益、处分等权利。其中,所有权是基础与核心,是其他权利或权能产生的基础。根据对水的内涵的不同理解,权利的属性也会有不同。建立在自然水资源(一般指江河湖海、大气水和地下水等尚未开发、分割、计量的公共水资源)基础之上的,是非排他性的公共水权;建立在产品水(一般指自来水、瓶装水等蕴含了人类劳动,可分割、可控制和可计量的水资源)基础之上的,可以是排他性较强的私有水权。

2.4.1.4　水权的特征与属性

国内部分学者基于产权理论,提出水权具有可分解性、非排他性、外部性和交易的不平衡性等特征(姜文来,2001)。另一部分学者则持不同观点,认为从产权的角度看,水权除了具有一般产权所具有的排他性、可分解性、有限性、可转移性等公共属性外,并无特征可言。也有学者提出水权具有公权特征,也有部分私权的特征。在前人研究的基础上,有学者描述水权的特征:公有水权具有公共权力特征,部分私有水权必须经过公权力的分配才能确立,部分私有水权的实现必然是其所有权与使用权的同时实现,私有水权的行使会受到客观条件和公共权力的约束,私有水权的行使会产生外部性,水权具有易变性和不确定性。

综上,水权的特征和属性是相互关联的,要从辩证的角度分析水权。东西方由于经济理论体系和所有权制度体系的不同,对水权的理解不同,从而形成了不同的水权理论,但是,关于水资源的所有权和使用权的关系,东西方的水权理论基本一致。西方水权是基于产权私有基础上的权利分离,水权就是指水资源的私有产权,不包括公共管理权,其公共管理权力一般通过法律规定的形式由国家和政府行使;国内水权则是基于产权公有基础上的权利分离,《中华人民共和国水法》规定"水资源属于国家所有",即水资源所有权归国家和集体,但是其使用权则需要根据实际情况进行界定与分配。

从东西方水权理论来看水权的特征,可发现水权是具有公权性质的私权,是公权和私权的有机结合。因此,水权的特征应该包括公私两部分,及公权与私权的辩证统一。

水权首先具有公共权力特征。根据《中华人民共和国水法》第三条规定,水资源属于国家所有,体现了自然资源所有权的公共属性,即在我国水权的占有权(所有权)是公有权。在西方经济理论体系中,以产权理论为基础,提出了水资源私有产权的概念,在水资源的私有产权的基础上,英美法系国家的法律又明文规定天然水资源归公共所有,即宣告水资源的公共管理权,国家和政府有权代表人民管理水资源、分配水资源、向水资源使用者收税。日本、法国、俄罗斯等国家,则明确实行水资源的国家所有制度(王晓东等,2007)。面对水资源日益短缺的局面,很多以往依附于土地私有权的私有水权制度正在向共有水权制度转变，水资源归国家所有的水权制度已经成为大势所趋。

水权又具有私权的特征。在国家代表人民行使水资源宏观管理和行政管理权的同时，涉及某一水资源的使用权时，我国水法又提到农村集体经济组织的水塘和由农村集体经济组织修建管理的水库中的水，归该农村集体经济组织使用，这充分体现了水权权力束中使用权的私权特征。因此，在水资源国家所有的基础上，基于部分水资源具有可分割、可计量、可控制的特性，可以通过水权界定建立私有水权，便于水市场的建立和水权的交易。

水权的公与私是有机结合的。私有水权的实现往往离不开公权，使用权的确立必定是建立在公权分配的基础上，水资源（特别是天然水资源）只有经过计量、分割，才能分配至个人或组织，私有使用权才得以确立。私有水权的实现必然受公共权力的约束，权利人占有、使用、处置部分水资源时，必然要借助公共的水利设施和服务平台，权利人取水和排水行为的发生，必然受到公共权力的监管。私有水权的实现必定会产生外部性，部分水资源被利用过程中，必然会对周边环境产生影响，这也是私有水权将受到公共权力制约的重要原因。

2.4.1.5　水权的权利内容与体系

在水权的定义及内涵章节，述及了部分学者从权利内容和体系出发对水权的内涵进行解释，国内外学者从主体、客体、内容、用途、管理等角度对水权的权利内容进行分类，梳理提出水权权利体系。无论从何种学术理论出发对水权的权利内容和体系进行研究，都必须坚持主体和客体的矛盾统一，坚持权利属性和内容的辩证统一，离开主体谈水权，或者离开属性谈水权都是不科学的。因此，笔者引用的观点是从水权属性出发对水权进行分类，并提出其权利内容和体系。

根据《中华人民共和国水法》规定，从权利属性上讲，我国的水权可以分为公有水权和集体水权。公有水权是指将基于水资源客体之上的权利束分配给全体人民享有的一种水权，公有水权权利体系应该包括对天然水资源的所有权、监管权、开发和许可权、收益及分配权、水生态保护权等权利内容所涉及的各项行为。集体水权也叫共有水权，是指将基于某一特定水资源的权利束分配给某一共同所有成员的水权，集体水权权利体系应该包括对一特定水资源客体的共同占有、使用、收益、处分和保护等权利内容所涉及的各项行为。

除公有水权和集体水权外，其他国家还存在私有水权和无主水权等情况。私有水权是指特定水体或水产品归私人或法人所有的一种水权，私有水权权利体系应该包括对特定水体或水产品的占有权、管理权、使用权、收益权、处分权等权利内容所涉及的各项行为。无主水权是指一些水资源尚未明确其权利主体的水权形式，无主水权事实上是一种共有水权。

2.4.1.6　农业水权及其特点

农业水权是我们国家最重要的水权之一，是有关农业水资源开发利用的一切权利的总和，其中表现最为突出的就是与农业灌溉密切相关的灌溉用水水权。根据水权的定义，农业水权也应该包括农业水资源的所有权、使用权和经营权等。

农业水权除了具有一般水权的特点之外，还有季节性、共享性、排他性、竞争性、让渡性等特点。

（1）季节性。由农业生产的季节性和降水的季节性特点决定农业水权必然具有季节性的特点。由于我国南北气候差异较大，导致农业水权的季节性具有不同的表现：在北方地区季节性的灌溉需求很突出，在南方地区既有季节性灌溉需求，更突出的是季节性排水问题。

（2）共享性。按照《中华人民共和国水法》，对于从流域分配到的水权，对于农村集体经济组织享有使用权的水塘、堰池、小水库等的水权，该组织内的成员可以共享其使用权。

（3）排他性。即各用户对于经过初始水权分配获得的在特定时间内的水使用量，由自己支配使用或作不影响他人及其他用户的处分，其他人或用户无权处置。

（4）竞争性。在农业内部各单位、各用水户乃至不同的作物之间用水客观上存在一定的竞争性，特别是当水资源紧张、供需矛盾突出的时候，上下游、左右岸的用水竞争性问题更加突出。

（5）让渡性。用水户可以对自己获得的水使用权作出让渡或转让，这种让渡可以在组织内，也可以让渡给组织外，以获得最大收益。

2.4.2　水权管理体系

水权管理体系是通过界定配置水权和建立健全制度，形成一种与市场经济体制相适应的水资源权属管理体系。该管理体系包含了水权界定及其初始分配、水权再分配及水价形成、政府监管机制建设等内容。水权的界定与初始分配、水权的再分配合称为水权的配置，是水权管理体系建设重要内容，其目标是实现水资源的高效利用。水权界定和配置过程中涉及的管理体制机制建设、水市场监督管理等是水权管理体系有效运行的重要保障，其目标是实现水资源的规范管理。

2.4.2.1　水权的界定及初始分配

水权的界定是指明确水权的各种权利的关系，包括水资源的所有权界定及以由此衍生的水资源使用权、收益权和处置权等一系列权属的获取和行使（刘学敏，2008）。水权的界定不仅要明确水权的权利归属及相关的关系，还要明确水权量的分配原则、机制和方法，并以此为基础完成水权量的初始分配，解决公有水权不具有排他性而导致的用水冲突。

1. 基本原则

水权界定及初始分配必须遵循一定的原则。国内水利行业学者提出基本生活用水保障、水源地优先、粮食安全、用水效益优先、投资能力优先、用水现状优先六大原则（汪恕诚，2003）；也有学者概括了五项原则，即基本用水保障原则、公平性原则、尊重现状原则、高效性原则、权利与义务相结合原则（王宗志等，2011）。之后，在流域水资源调度实践过程中，相关技术人员又基于实际工作，提出了流域水资源配置相应的原则。

笔者认为水权的界定和初始分配原则与经济社会发展总体目标、水资源供需现状等密切相关，应具有普遍性和特异性，不能一概而论，所坚持的基本原则应包括以下 4 方面。

（1）优先保障基本用水需求。这里所指的基本用水需求除了人类生活用水需求之外，还应该考虑生态环境稳定所需的生态用水。人类生活用水需求是生存必需的"人水权"，脱离了这一基础来谈其他水权都是无意义的；生态用水是维持水生态系统和区域环境稳定和可持续发展的基础，打破了这一基础，必然会影响人类社会的发展。因此，水权界定和初始分配过程中，应首先保障基本用水需求。

（2）尊重水资源现状。由于水资源的有限性、时空分布不均一性及可开发利用难易程度，任何的水权界定和初始分配必须建立在尊重水资源现状的基础上；由于各地区存在用水需求的差异，任何的水权界定和初始分配必须建立在重视现状需求的基础上。水权界定和初始分配要在对水资源的供需进行分析后，按照"总量控制，定额管理"的要求进行配置。

（3）兼顾公平和效率。公平即不同经济主体之间水权配置的公平，强调公平原则不是提倡绝对公平，而是在保障不同经济主体享有平等的权利。效率即强调水资源初始分配的高效性，包括分配过程本身的高效率、低成本、易操作，也包括初始分配结果对提高水资源利用效率的促进作用。

（4）行政机制与协商机制相结合。在公有制水权体系下，水权的界定和初始分配必须坚持政府宏观调控；初始水权事关各区域的切身利益，一旦配置后就存在了排他性，社会关注度高，必须坚持民主协商。为了更好地界定和配置水权，必须坚持政府宏观调控和民主协商相结合。

2. 分配机制

水权界定及初始分配的机制是指水权分配过程中采用的配置方式方法及其配套制度的总称。理论上讲，水权的分配有市场方式和行政方式两种（王亚华，2005），实践中的水权分配机制则包括行政机制、市场机制和自主协商机制三种形式（沈大军，2007）。

（1）行政机制。行政机制也称为政府机制或计划配置，是由政府或政府有关部门通过制定水权分配方案，再以行政命令或指令的方式对水权进行初始分配的机制，是一种自上而下的配置方法。行政机制有利于兼顾各区域国民经济的协调发展、保持适当的公平公正、促进水资源保护和水生态安全，但是行政机制下不利于发挥市场对资源配置的基础性作用，各经济主体的主观能动性和活力也容易丧失，最终导致分配中平均主义严重。

（2）市场机制。市场机制就是水权的市场配置机制，是各经济主体在供需平衡基础上，通过市场交易实现水权界定和初始分配的方法。市场机制有利于提高资源的配置效率，但是由于天然水资源的公有特性，水权初始分配缺少市场机制发挥的基础，会产生市场失灵的现象。

（3）自主协商机制。自主协商机制就是各主体通过自行组织和自主协商来达成水权界定和初始分配的方法。自主协商机制实际上也是市场配置的一种表现，能够很好地兼顾各方利益，但是该机制能否发挥效用主要取决于协议的达成和约束力。

3. 配置模式

水权界定及初始分配需采用一定的标准，即建立具有可操作性的配置模式。国内外学者就水权界定及初始分配提出了各种理论和实践模型，总结了多种配置模式。实践中应用较多的有人口分配模式、面积分配模式、产值分配模式、混合分配模式、现状分配模式、市场分配模式等（葛颜祥等，2002），详见表2.1。

表 2.1　　　　　　　　　　　　不同水权界定及初始分配的模式比较

模式	适用范围	可操作性	优点	缺点
人口分配模式	生活用水	易操作	公平	不能体现区域和行业差异
面积分配模式	农业用水	易操作	自然合理	不能体现用水需求和经济效益
产值分配模式	工业用水	易操作	资源配置高效	不能体现欠发达区或基础性行业的用水需求
混合分配模式	全行业	难操作	兼顾各项指标	指标权重确定难
现状分配模式	全行业	易操作	反映不同区域的用水需求和差异	不能体现公平、效率和发展因素
市场分配模式	全行业	易操作	资源配置高效	不能保障基本用水需求

上述模式各有优缺点，人口分配模式体现了资源分配的公平性，但忽略了人口分布及地区行业差异；面积分配模式具有自然合理性，但忽略了用水需求和经济效益；产值分配模式充分体现了资源配置效率，但忽略了经济欠发达区或基础性行业的用水需求；混合分配模式兼顾了各项指标，但实际应用中指标权重的确定存在个人偏好；现状分配模式在一定程度上反映了不同区域的用水需求和差异，也具有较好的配置依据，但忽略了公平和效率因素，也未考虑区域的发展因素；市场分配模式可以使水资源流向高效益区域，但不能保障基本用水需求。

为了解决实践中总结的配置模式存在的问题，针对初始水权分配具有的多目标、多层次决策特性，学界依据层次分析法、最优规则法和模糊综合评判法等方法，构建了各种初始水权配置模型。但是模型的应用还存在指标数量过大、权重赋予较难、判断逻辑出错等问题，降低了模型的应用价值。

4. 我国水权界定及初始分配模式

我国现行的水权界定及初始水权配置是基于区域水权民主协商基础上的行政主导配置机制，是"自上而下""自下而上"的民主集中，具体流程如图 2.1。

该模式下，由中央政府及其水行政主管部门根据水法赋予的权利，将自然水资源权界定为公有水权，并依据一定的原则和模式（模型）向各省级地方政府分配用水总量；再由省级地方政府及其水行政主管部门向地市级分配用水总量，分配过程中部分省级地方政府同步实现对用水总量的行业分配或部分行业分配；再由地市级地方政府及其水行政主管部门向县级分配用水总量，并分解省级下达的行业指标。

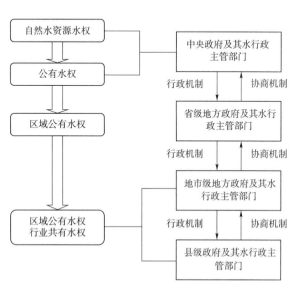

图 2.1　我国水权界定及初始分配模式图

2.4.2.2　水权的再分配

在水权界定和初始分配的基础上，水权在各地区、各行业、各主体之间的二次分配称为水权的再分配。水权界定和初始分配是水权再分配的前提，水权的再分配是进一步提高水资源配置效率的重要手段，两者是辩证统一的关系，共同构成了水资源可持续高效利用的重要基础。目前，水权再分配的主要理论和实践模式就是水权的流转（交易），即水市场模式。该模式涉及了水市场的形成和类型、水价及水价形成机制、水市场的交易模式、水市场的监管等内容。

1. 水市场及其运行机制

国内学术界对水市场概念的解释各有不同。陈耀邦（2005）认为水市场就是水商品的市场，是按照社会主义市场经济规律建立起来的商品市场。有学者认为水市场就是水权市场，它包括了水权的交易、转让和流转。其他学者则在总结两种观点的基础上，提出了水市场的广义论和狭义论，认为水市场的概念有广义和狭义之分。广义的水市场是指包括水权在内的水资源产业市场，即泛指价格机制在涉水领域发挥作用的各种市场；狭义的水市场则特指水权交易市场，它是市场主体之间开展水权转让或交易的载体和方式（王亚华，2007；王浩，2007）。

综上所述，水市场的概念应该包括广义和狭义两个层面，它是各个平等的经济主体之间在一定的市场规则下围绕特定的水量及其权利束所进行的市场行为。

（1）水市场形成条件。水市场的形成和有序运行需要具备水权界定清晰、水权价值价格化、水量准确计量和转移、科学的交易规则等基本条件。水权界定是水市场形成和发展的前提条件。从经济学角度来讲，产权的交易实质上就是产权如何界定与交换及应采取怎样的形式的问题。因此，从产权理论衍生而来的水权的界定同样是水市场形成和发展的第一步，以此为基础才有后续的交换及交换的形式和规则。

水权价值价格化就是指水资源价值的资本化，即水价的形成。水市场要有序的运行，水权的价值必须是可以估算和价格化的，这也是交易双方发生水权流转的重要基础。没有形成水价或水价偏离其价值，交易双方就无法确定交易的规模，无法判断交易的价值，水权的交易也无法产生。水量的准确计量和转移是水市场有序运行的技术保证。对于交易双方而言，一旦在水价上达成一致，马上就会涉及交易量的确定和转移问题。缺少对水量进行准确计量的设备，缺少实现交易水量转移工程，就无法保证交易所约定的水量准确无误地实现流转，水权交易也就变成了无法落地的空中楼阁。科学的交易规则是水市场有序运行的有力保障。根据我国社会主义市场经济改革实践的经验，现代市场经济必须是市场机制和政府监管的有机结合。水权的交易同样依赖市场机制和政府监管，并且由于水资源的稀缺性及其对生态环境的影响，水权交易的政府监管作用需进一步强化，制定科学的交易规则，以体现公开公平公正原则、尊重基本用水需求原则、兼顾节约与发展原则。

（2）水市场的分类。国内学术界依据不同的标准，将水市场分为不同的类型。根据市场参与主体不同，可以将水市场分为公有水权主体之间水权交易的市场、共有水权主体与集体水权主体之间的水权交易市场、集体水权主体之间的水权交易市场、私有水权主体之间的水权交易市场等类型。根据用水性质不同，可以将水市场分为农业用水、工业用水、生活用水、生态用水水权交易市场等类型。根据水权流转的形式不同，可以将水市场分为水权交易市场、水权拍卖市场、水权租赁市场、水权抵押市场、水权期权市场、水银行、混合水权交易等类型。根据水权流转的行政层级不同，可以将水市场分为一级、二级、三级水权交易市场。

（3）水市场的基本构成。水市场的基本构成就是指参与到水市场交易活动中的主体、客体和机构。其包括参与交易的市场供需主体、交易的客体、中介服务机构和监督管理机构。水市场交易的供需主体就是水权交易的主体。一般而言，水权交易的主体包括流域管理机构、地方政府及其水行政主管部门、供水企业、用水户等。水权交易主体围绕着特定的水资源进行交易行为，作为商品的水资源权利束即为水市场的客体。为了确保水市场的有序运行，市场中介服务机构和市场监管机构在水市场的组成中具有重要的作用。中介服务机构及其提供的平台为水权交易提供组织协调、信息披露、资质审核、技术咨询等基础性服务；市场监管机构一般是政府水行政主管部门或其他政府相关部门，市场监管机构通过对市场准入、水资源用途、交易范围、交易行为、水价、环境保护等内容的监管，维护水市场的秩序，矫正水市场的失灵。

（4）水市场交易的形式。水市场运行过程中往往表现出不同的交易形式，交易形式就是供求双方实现水权交易所采取的途径和方法的总称，也有学者将其称为水权流转模式、水权转让模式、水权交易模式等。当前常见的交易形式包括协议转让、拍卖、招投标、置换、租赁等。

1）协议转让。协议转让是指参与水权交易的供需双方通过签订水权交易协议的方式，明确水权交易的价格、数量和期限等内容，从而实现水权流转的一种方式。协议转让是按照平等互利原则进行的一对一交易，适用于参与主体较少的水权交易，是目前我国水权市场的主要交易形式。

2）拍卖模式。拍卖模式是指水权出让方委托中介机构就其所要出售的水权进行公开拍卖或密封标价拍卖，从而实现水权流转的一种方式。水权拍卖适用于竞拍人较多、存在价格竞争的水权交易，为了保证公开公平公正，水权拍卖需要市场监管部门对拍卖价格进行监管，避免出现蓄意压低或抬高价格的行为。

3）招投标模式。招投标模式是指水权出让机构或其代理人以发布招标公告的方式向符合条件的潜在投标人发出邀请，有意获得水权的主体根据招标要求，参与投标，从而实现水权流转的一种方式。招投标模式适用于流域机构或地方政府向供水公司或企业有偿出让水权，或者跨行业、区域转让水权等情况。

4）置换及租赁。水权置换是指水权需求方以投入工程、技术、装备等手段来实现节水，并获取节约的水权指标的一种水权流转方式，水权置换中需求方付出的是工程、技术、装备等，而不是直接支付水价款。水权租赁是指水权提供人将水权租借给需求方的水权流转方式，水权租赁实际上没有改变水权的权属。

2. 水市场监管

在水权界定及初始分配的基础上，水市场的形成和发展有利于发挥市场在资源配置中的基础性作用，促进水资源利用效率的提高。但是，为了避免市场失灵，需要引入政府监管机制，以构建政府与市场相结合的水权管理体系。

（1）政府监管。政府监管是指政府或其授权机构为保障水市场健康有序发展，对水市场经济主体及其行为依法依规进行的监督与管理。政府监管包括了监管制度和建管机制，也包括了监管行为，是水权管理体系中不可缺少的一环。政府监管有广义和狭义之分。广义的政府监管既包括了政府对水市场微观的直接的监管，也包括了政府对水市场宏观的间接的监管；而狭义的政府监管则仅指政府对水市场微观的直接的监管。

（2）政府监管的方式及分类。政府监管因其方式和手段不同，可区分为直接监管和间接监管。直接监管是指政府利用各种行政手段直接干预水市场经济主体的活动，一般采用禁止、认可、许可等方式；间接监管是指政府不直接介入水市场经济主体的活动，而是通过间接手段制约阻碍市场机制发挥作用的因素，来规范和约束市场行为、维持市场秩序。政府监管因其对象和内容不同，可区分为经济性监管和社会性监管。经济性监管是指政府对水市场的经济问题进行的监管，包括市场准入监管、产品数量和质量监管、价格监管等；社会性监管是指政府对水市场的社会问题进行的监管，包括环境监管、安全生产监管、公共卫生监管等。

（3）政府监管的模式。政府对水市场的监管模式可以分为政府主导式监管、市场主导式监管、综合监管。政府主导式监管就是政府对水市场采取以直接监管为主的模式；市场主导式监管就是政府对水市场采取以间接监管为主的模式；综合监管就是政府对水市场既采用直接监管的方式，又采用间接监管的方式，并将两种监管方式有机结合的模式。

（4）我国现行的水市场监管模式。我国依托水权试点流域和地区，在水市场监督管理方面进行了有益的探索，初步建立了以水权管理为核心的水权转让监督管理机构和相应的机制，提出了相关的法律和法规。根据《水权交易管理暂行办法》，由国务院水行政主管部门负责全国水权交易的监督管理，流域管理机构负责其管辖范围内水权交易的监督管理，县级以上地方人民政府水行政主管部门负责本行政区内水权交易的监督管理。《水权交易管理暂行办法》还对水权交易的进入条件、交易规则和交易程序进行了规范。由此可见，我国的水权管理已经从行政计划管理为主的政府主导式监管向以间接管理为主的政府与市场相结合的综合管理模式转变。

3. 我国水权交易及水市场建设

我国的水权交易与水市场建设正处于试点阶段，总体交易水量不大、交易范围限于局部，但在水权交易方式、水市场建设和水市场监管方面还是取得了较好的成效。

水权交易方面涌现出不少水权转让的成功案例。例如，南方丰水地区浙江东阳和义乌的水权交易，西北干旱区石羊河流域水权交易、甘肃张掖水票转让、宁蒙灌区水权转换等。上述案例涉及的水权交易类型有协议转让、水权置换、水权拍卖等。

随着水权交易试点的深入推进，我国水市场建设也逐步发展，一些全国性、流域性和区域性的水权交易平台不断建立。例如 2013 年年底我国建成运行了第一个水权交易平台——石羊河流域水权交易中心；同年，内蒙古自治区也建立了水权转让平台，并成立了内蒙古自治区水权收储转让中心有限公司；2015 年，水利部组建国家级水权交易平台——中国水权交易所股份有限公司，标志着我国水市场建设由流域（区域）平台向全国性平台发展。

我国水权交易和水市场监管制度建设也由试点逐步推向全国层面。水利部和试点地区依托水权交易试点，制定了详细的水权试点方案、水权交易规则和水权交易资金管理等监督管理制度，取得了明显的成效。2005 年，《水利部关于水权转让的若干意见》对全国性的水权交易制度基本框架做了初步规范；2016 年，水利部出台《水权交易管理暂行办法》，标志着国家层面的水权交易监管制度已经成型。

第3章 南方丰水区农业水价综合改革的实践应用

大部分南方丰水地区现状实施农业水价改革均面临着"不缺水、不收费、不重视"等困境，改革基础总体比较薄弱。本章以南方丰水区典型省份——浙江省为例，结合第2章农业水价综合改革的相关基础理论，分析了实施农业水价综合改革的指导思想、基本原则、改革目标与路径、改革举措等。

3.1 省域概况

本节重点介绍了南方丰水区典型省份——浙江省与农业水价改革相关的基本情况，包括自然地理、社会经济、农业生产、农田水利、农业用水等状况。

3.1.1 自然地理状况

3.1.1.1 地形地貌

浙江省地处我国长江三角洲南翼，北临江苏、上海，西邻安徽、江西，南接福建，东临东海。陆域面积为 10.55 万 km^2，东西、南北的直线距离约为 450km，海岸线总长 6700km，其中大陆海岸线 2200km，沿海岛屿 3000 余个。山地和丘陵占 70.4%，平原和盆地占 23.2%，河流和湖泊占 6.4%，素有"七山一水二分田"之说。

全省地形地貌复杂，整个地势由西南向东北倾斜，呈梯级下降，大致可分为浙北平原、浙西山区丘陵、浙南低山丘陵、浙中金衢盆地、浙东沿海平原及滨海岛屿六个地形区。全省主要山脉呈西南—东北走向，自北而南分成三支。北支自浙赣交界的怀玉山，向东构成浙江的天目山脉、里岗山脉；中支从浙闽交界的仙霞岭，向东北延展成天台山、四明山和会稽山脉，天台山脉自西往东北没入海中，构成舟山群岛；南支由浙闽交界的洞宫山脉，向东北伸展为南雁荡山脉，过瓯江称北雁荡山脉、括苍山脉。各山脉一直延伸到东海，露出水面的山峰构成半岛和岛屿。

3.1.1.2 水文气象

浙江处于欧亚大陆与西北太平洋的过渡地带，属典型的亚热带季风气候区。全省总的气候特点是：冬夏季风交替显著，气温适中，四季分明，光照充足，降水充沛，雨热季节变化同步，气象灾害频繁。

冬季受蒙古冷高压控制，盛行西北风，以晴冷、干燥天气为主，是全年低温、少雨季节；夏季受太平洋副热带高压控制，盛行东南风，空气湿润，是高温、强光照季节。由于地处于中低纬度的沿海过渡地带，加之地形起伏较大，同时受西风带和东风带天气系统的双重影响，各种气象灾害频繁发生，是我国受台风、暴雨、干旱、寒潮、大风、冰雹、冻害、龙卷风等灾害影响最严重的地区之一。浙江省多年年平均温度为 15~18℃，南高北低，年温等值线几乎与纬线平行。极端最高气温一般为 38～39℃，内陆地区（金华、丽水等地）可达 40～41℃；极端最低气温，浙西北山区可达 −11～−17℃，浙东南沿海地区为 −4～−7℃。全省多年年平均相对湿度为 80%～85%，年内变化不大。年平均日照时数为 1800～2100h，金衢盆地及沿海岛屿地区最高；年平均风速为 2～3m/s，沿海大于内陆。

多年年平均降水量为 1622.5mm，主要集中于 4—6 月（春雨期和梅雨期）和 7—10 月（台风雨季），梅雨主控期 70%～80% 的洪涝灾害系梅雨造成，热带风暴（台风）主控期的洪涝灾害 60% 以上由台风暴雨所造成。降水区域分布规律为：自西向东、自南向北递减，山区大于平原，沿海山地大于内陆盆地。降水量最多的地区位于东南沿海及与江西、福建省交界的西南山区，降水量较少的地区位于东北部杭嘉湖平原及杭州湾两岸的平原区和舟山群岛。年平均水面蒸发量为 800～1000mm，陆面蒸发量为 600～800mm，总体分布趋势为：沿海高于内陆，平原盆地高于山区，年内及年际变化均不大。

3.1.1.3 河流水系

浙江河流众多，自北向南有苕溪、运河、钱塘江、甬江、椒江、瓯江、飞云江、鳌江等八大水系。八大水系除苕溪注入太湖、京杭运河沟通杭嘉湖平原水网外，其余均为独流入海河流。此外，浙、赣、闽边界河流有信江、闽江水系，还有其他众多的小河流。以河流干流经浙江省统计，全省各水系流域面积在 50km² 以上的河流（不包括平原河道）526条，按流域面积分，大于 10000km² 以上的河流有 3 条，5000～10000km² 的有 3 条，3000～5000km² 的有 8 条，1000～3000km² 的有 12 条，500～1000km² 的有 24 条，200～500km² 的有 86 条，100～200km² 的有 138 条，50～100km² 之间的有 252 条。

钱塘江是我国东南沿海地区主要河流之一，也是浙江省的最大河流，干流全长 668km，流域面积为 55558km²，其中浙江省境内面积为 48080km²。钱塘江口平面呈喇叭形，在海宁市附近河底有沙坎隆起，海潮倒灌，受地形收缩影响潮头陡立，形成雄伟壮丽的钱塘潮，最大潮差达 8.93m。瓯江是浙江省第二大河流，干流长 384km，流域面积为 18100km²，属于山溪型河流。瓯江发源于浙江省庆元县百山祖锅帽尖，流经龙泉市、云和县、莲都区、青田县、永嘉县、瓯海区，从温州市流入东海。瓯江干流自源头至丽水市大港头称龙泉溪，属上游河段；大港头至青田县石溪称大溪，属中游河段；石溪以下始称瓯江。河口温州港是浙江南部最大海港，中国对外开放港口之一。

苕溪有东苕溪、西苕溪两大源流，属长江水系太湖流域，是浙江省主要河流中唯一不在省内入海的河流，河长为 158km（从东苕溪河源至太湖入口），流域面积为 4576km²。运河属长江流域太湖水系，浙江省境内河网总长度为 24600km，境内流域面积为 6481km²。甬江由奉化江和姚江两江汇集而成，是宁波的母亲河，干流长为 133km，流域面积为 4518km²。椒江是浙江省第三大水系，干流长为 209km，流域面积为 6603km²，其主流为灵江。飞云江干流长为 193km，流域面积为 3719km²。鳌江干流长 81km，流域面积为 1530km²。

浙江省湖泊主要分布在浙北杭嘉湖平原和浙东萧绍甬平原。全省常年水面面积在 1km² 以上的湖泊有 57 个，全部为淡水湖；其中，杭嘉湖平原 49 个，萧绍甬平原 8 个。全省共有总库容 10 万 m³ 以上的水库 4000 多座，总库容为 445.3 亿 m³。其中，大型水库有 33 座，总库容为 370.2 亿 m^3；中型水库有 158 座，总库容为 46.4 亿 m^3。

3.1.1.4　土壤植被

浙江土壤类型十分丰富，主要有黄壤、红壤、水稻土、潮土、滨海盐土、石灰盐土、紫色土和冲积土等。黄壤土面积为 $1.03 \times 10^6 \ hm^2$，占全省土壤面积的 10.6%；红壤土面积 $3.88 \times 10^6 \ hm^2$，占全省土壤面积的 40%；水稻土发育于滨海平原和河谷地带，占全省土壤面积的 16%；盐土和滨海盐土主要分布在沿海沙滩。此外局部尚有紫色土、冲积土，呈零星分布。

黄壤土因处于海拔高、坡度陡、土层薄的地段，不适宜种植农作物或经济林木，宜以护林和采集、培育药用植物为主。如所处地形坡度较小、土层厚度在 1m 以上的则可发展农业和农林综合利用。丘陵下部缓坡和谷地可种水稻、玉米和麦类；丘陵中、上部可以发展果树、茶和油菜等经济作物和薪炭林。已耕种的黄壤为防治土壤侵蚀，宜进行以山、水、田综合治理为中心的农田基本建设，多施有机肥料和种植绿肥，并适量施用石灰和磷肥。红壤土是与农业生产关系密切的土壤，主要分布在浙南、浙东、浙西丘陵山地，具有黏、酸、瘦等主要肥力特征，旱季保水性能差，不适于作物高产，主要适于种植茶、果等经济特产及玉米、甘薯等旱粮作物。酸性强，土质黏重是红壤利用上的不利因素，可通过多施有机肥，适量施用石灰和补充磷肥。水稻土是经过长期平整土地、修筑灌排系统、耕耘等形成的人为土壤，主要分布浙北平原、浙东南滨海平原，是浙江省粮、油作物的主要生产基地。滨海盐土分布于滨海平原，其土壤特征主要是土体中含盐量高，是农业生产的限制因素。一般未脱盐的土壤以水产养殖为主，土壤脱盐后可种植棉麻、糖蔗、蔬菜、瓜类等作物。潮土主要分布在江河两岸及杭嘉湖平原，土层深厚、水源丰富、土质肥沃，是浙江省种植粮食、棉麻、蚕桑、蔬菜、瓜类等作物及栽种经济林果的重要生产基地。

浙江省境内发育的植被为我国中亚热带东部地区的典型植被——常绿阔叶林。在种类饱和度、生活型组成、叶片性质、周期性及层次结构等方面都反映出它是我国亚热带地区特有的植被类型。森林的健康状况良好，森林生态系统的多样性总体上属中等偏上水平，森林植被类型较丰富，森林群落结构比较完整，具有乔木林、灌木林、草本三层完整结构的面积占乔木林的 54.2%，只有乔木层的简单结构的面积仅占乔木林的 1.5%。全省森林覆盖率为 60.97%，位于全国前茅。森林的生态功能指数为 0.49，森林生态功能总体评价属中等偏下。

3.1.1.5　水资源状况

根据浙江省 1956—2017 年水资源总量调查统计，全省多年年平均水资源总量为 976.2 亿 m^3，最丰年水资源总量为 1438.6 亿 m^3，最枯年为 501.26 亿 m^3，最丰年是最枯年的 2.87 倍，年际分布十分不均。2000—2017 年全省河流水质趋势分析表明，Ⅰ～Ⅲ类水体的占比为 78%，总体呈现改善趋势；其中，2004 年以前全省河流水体水质有逐年变差趋势，2004 年以后水质变差趋势得到遏制，Ⅰ～Ⅲ类水体的占比上升速度明显高于以前。全省重要水功能区水质达标率变化趋势与河流水体水质类同，2004 年以前达标率呈下降趋势，2004 年以后明显提高。主要水库水质和富营养化程度稳中有升，2000 年以来，Ⅰ～Ⅲ类水体比例和中营养化比例均提高了 10% 左右。从全省 8 大水系水资源状况分析评价看，苕溪、瓯江、飞云江水质较好，运河和甬江水质较差。

2017 年，全省平均降雨量为 1555.9mm，地表水资源量为 881.95 亿 m³，较多年年平均偏少 6.6%；地下水资源量为 204.345 亿 m³，扣除重复计算量，全省水资源总量为 895.35 亿 m³，人均水资源量为 1582m³，全省水资源平均利用率为 20%。水资源时空分布不均。浙江省各行政区域水资源量与上年和多年平均对比见图 3.1。

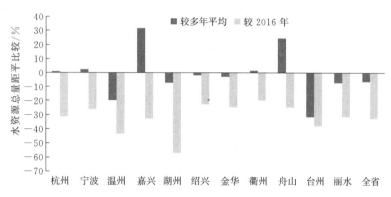

图 3.1　浙江省各行政区域水资源量与上年和多年平均对比图

（摘自《2017 年浙江省水资源公报》）

3.1.2　社会经济状况

浙江省行政区划分杭州、嘉兴、湖州、宁波、绍兴、温州、台州、丽水、金华、衢州、舟山等 11 个地级市，其中省会杭州、计划单列市宁波为副省级。共设 89 个县级行政区，其中市辖区 37 个、县级市 19 个、县 32 个、自治县 1 个。共辖乡 274 个、镇 641 个、街道 463 个。2017 年常住人口为 5657 万人，其中城镇人口 3847 万人，农村人口 1810 万人，城镇化率为 68%。

改革开放以来，浙江省经济迅速发展，综合实力显著增强，涌现出一批在全国具有一定优势的产业，如电子通信、纺织服装、皮革制造、食品制造、医药制造、电气机械和化学工业等。浙江也是我国省内经济发展程度差异最小的省份之一，杭州、宁波、绍兴、温州是浙江的四大经济支柱。其中杭州和宁波经济实力长期位居中国前 20 位。

2017 年年底，全省国内生产总值为 51768 亿元，人均 GDP 为 92057 元，其中第一产业 1934 亿元，第二产业 22232 亿元，第三产业 27602 亿元，三产结构为 3.8：42.9：53.3。无论城镇居民还是农村居民，人均收入水平均居全国前列。

3.1.3　农业生产状况

3.1.3.1　农业种植结构

浙江是一个农、林、牧、渔全面发展的综合性农业区域，历史上孕育了以河姆渡文化、良渚文化为代表的农业文化。一直以来，历届省委、省政府都高度重视农业发展，积极推进农业农村改革，深入实施统筹城乡发展方略，农业农村经济呈现了持续快速发展态势。

农业主导产业有粮油、水产品、茧丝绸、果品、竹木、畜禽、蔬菜、茶叶、食用菌、花卉等，其中，面积最大的是粮食，其次为蔬菜。粮食作物主要以水稻为主，其次是麦类、玉米等，经济作物主要有蚕桑、茶叶、柑橘、棉花、果蔗、油菜、蔬菜、食用菌等。

其中茶叶的产量、出口量均居全国首位，蚕茧产量居第三，柑橘产量居第四，是全国生猪的重点生产基地、全国三大淡水鱼产地之一。

2017 年全省农作物播种面积为 3651 万亩，其中粮食作物播种面积 1883 万亩，经济作物播种面积 1768 万亩，粮食经济作物比 52∶48。粮食作物主要有水稻、小麦、大麦、大豆、玉米等，以水稻为主。其中水稻播种面积 1228 万亩，占粮食播种总面积的 65%。水稻有双季稻和单季水稻，以种植单季水稻为主（单季晚稻播种面积 869 万亩）。经济作物主要有油菜、西瓜、蔬菜、甘蔗等。2017 年油料播种面积为 212 万亩，蔬菜 950 万亩，瓜类 153 万亩。2017 年浙江省农作物播种面积及比例情况见表 3.1。

表 3.1　　　　　2017 年浙江省农作物播种面积及比例情况

编号	农作物	播种面积/万亩	比例/%
1	粮食作物	1883	52
1.1	早稻	173	5
1.2	晚稻	185	5
1.3	单季稻	869	24
1.4	其他	656	18
2	经济作物	1768	48
2.1	油料	212	6
2.2	蔬菜	950	26
2.3	果用瓜	153	4
2.4	花卉苗木	240	7
2.5	其他	213	5
	合计	3651	100

统计近 10 年的变化趋势，从播种面积看，呈现稳定微降变化趋势。近十年农作物播种面积平均值为 3685 万亩，其中粮食播种面积稳定在 1900 万亩以上，粮经比在 52∶48 左右。近 10 年全省播种水稻面积呈现稳中有降，蔬菜播种面积稳中有升，见图 3.2。

3.1.3.2　农业经济状况

浙江拥有多宜性的气候环境、多样性的生物种类，农业产业门类齐全、特色产品丰富；农业产业化程度高、经营机制灵活；农村居民收入高、集体经济实力强。2017 年全省农副产品出口额 99.20 亿美元，居全国第四；茶叶、蜂王浆、蚕丝等产品出口居全国第一；单季稻百亩方亩产突破 1000kg，早稻单产多年位居全国第一。全省现有农民专业合作社 48783 家、经工商登记家庭农场 35075 个、6070

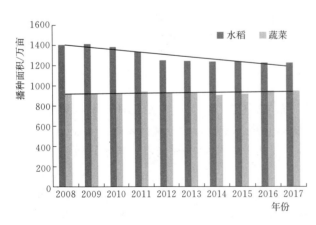

图 3.2　近 10 年浙江省水稻及蔬菜播种面积变化情况

个农业龙头企业。全省一产固定资产投资达 264.9 亿元；土地流转面积 1050 万亩，占承包耕地的 55.4%。建成单个产值 10 亿元以上的示范性农业全产业链 55 个，农产品电商销售额突破 500 亿元，建成休闲农业园区 4598 个，产值 352.7 亿元。全省农村常住居民人均可支配收入为 24956 元，比上年增长 9.1%，连续 33 年位居全国各省级行政区第 1 位。全省界定村股份经济合作社股东 3470 万个，量化资产 1282 亿元，集体经济总收入近三年年均增长 7.6%。通过实施消除集体经济薄弱村三年行动计划，全省农村集体经济收入 423.5 亿元，同比增长 10.4%，其中 5053 个村年收入达到 10 万元以上。

3.1.3.3 农业发展方向

作为东部沿海发达地区，浙江农业发展特色明显。由于人多地少等客观因素限制，近年来一直致力打造"高产、优质、高效、生态、安全"的现代农业。一方面，持续加大粮食生产扶持力度，加大基本农田保护和粮食生产功能区建设，确保粮食生产安全，在全国率先提出按照良田、良种、良法、良机、良制等"五良"标准，在全省建成设施完善、土壤肥沃、技术先进、机制健全的粮食生产功能区 800 万亩，确保全省达到 150 亿 kg 粮食综合生产能力。另一方面，依托区位优势、资源优势，优化农业产业结构和农业区域布局，逐步形成了"一村一品""一乡一业"的产业发展格局，出现了杨梅、茗茶、毛竹、食用菌、中药材、花卉等一批专业乡镇，经国家有关部门命名的"特产之乡"已达 120 多个，形成了水产品、水果、茶叶、竹笋、畜禽、蔬菜、食用菌、花卉苗木、蚕茧、中药材等十大主导产业。浙西南蚕桑、浙东南蔬菜、浙北油菜、浙中茶果等产业带也初步形成。从 2010 年开始，全面启动现代农业园区建设，在全省建设 100 个现代农业综合区、200 个以上主导产业示范区和 500 个以上特色农业精品园，通过推进现代农业园区建设，以点带面进一步推进农业转型升级。

3.1.4 农田水利状况

3.1.4.1 灌溉面积

据统计，2017 年浙江省大中小灌区数量为 35208 个，灌溉面积为 2335.78 万亩，其中有效灌溉面积 2186.9 万亩，林果草灌溉面积 148.88 万亩，农田实际灌溉面积 2031.93 亩。全省节水灌溉工程面积为 1624.04 万亩，其中渠道防渗 1362.81 万亩，低压管道 99.39 万亩，喷灌 90.15 万亩，微灌面积 71.69 万亩。

（1）大型灌区。全省设计灌溉面积 30 万亩以上的大型灌区 11 个，分别为钱塘江灌区、铜山源水库灌区、温瑞灌区、碗窑灌区、牛头山水库灌区、上浦闸灌区、桥墩灌区、乌溪江引水工程灌区、长潭灌区、四明湖灌区、亭下水库灌区。其中乌溪江引水工程灌区由衢州片和金华片组成。大型灌区有效灌溉面积为 395.98 万亩，实际灌溉面积为 363.62 万亩。从灌区供水方式上看，提水灌区 8 个，自流灌 3 个。大型提水灌区有效灌溉面积为 301.68 万亩，大型自流灌区为 94.30 万亩。

（2）中型灌区。全省设计灌溉面积 1 万～30 万亩的中型灌区有 197 个，有效灌溉面积为 544.12 万亩，实际灌溉面积为 504.18 万亩。其中，自流灌区 129 个，提水灌区 68 个，以自流灌区居多。中型灌区数量在 30 个以上的有 2 个地区，分别为湖州市和金华市；20～30 个的有宁波市、嘉兴市、绍兴市。重点中型灌区比较多的地市是金华市和宁波市，分别是 13 个和 10 个。

（3）小型灌区。小型灌区有 35000 余个，有效灌溉面积为 1246.80 万亩。提水灌区有 20000 个，自流灌区有 15000 余个。小型灌区中规模在 100 亩以下的有 13000 个，100 亩以上灌区有 22000 个（2000～10000 亩 441 个）。100 亩以上小型灌区中，提水灌区约有 12300 个，有效灌溉面积为 450 万亩；自流灌区约有 9700 个，有效灌溉面积为 350 万亩。

3.1.4.2　灌排工程

中华人民共和国成立以后，浙江人民发扬"自强不息、坚韧不拔、勇于创新、讲求实效"的精神，修塘筑坝、拓河建闸、引水开渠，建起了一大批农田水利工程，初步形成了以灌区和圩区为载体，以水库、山塘、堰闸、泵站等点状工程为节点，以灌排渠道、引供水工程及农村河道等为骨架，以量大面广的小型水利工程为脉络的灌排基础设施网络体系。

1. 大中型灌区（泵站）骨干工程

浙江省大型灌区骨干渠道共 1601 条，总长度 4833km，其中防渗长度 1769km；渠系建筑物 8072 处，其中过水流量 5m³/s 以上的有 2566 处；骨干排水沟 158 条，总长度 594km。中型灌区骨干渠道共 818 条，总长度 4018km，其中防渗长度 2206km；渠系建筑物 14729 处，其中过水流量 5m³/s 以上的有 7783 处；骨干排水沟 500 条，总长度 1353km。全省大中型泵站 131 座，总装机功率 183087kW。其中杭州市大中型泵站 51 处，总装机功率 64515kW，在数量和装机功率两方面均居第一位。

2. 小型农田水利工程

浙江省量大面广的小型农田水利工程可概括为"一高四小"工程，分别是高效节水灌溉、小山塘、小堰坝、小泵站、小沟渠。其中小山塘、小堰坝、小泵站为主要的农业灌溉水源工程，高效节水灌溉和小沟渠为主要的田间灌排工程。

全省共有山塘 88201 处，总容积为 75599 万 m³，其中：容积 1 万～10 万 m³ 山塘 20276 处，总容积 55637 万 m³。堰坝 53867 座，其中灌溉千亩以上的堰坝 810 座。小型灌排泵站 48081 座，其中规模以下泵站 45227 座，规模以上（装机流量 1m³/s 以上或装机功率 50kW 以上）泵站 2854 座；窖池 9559 处，总容积 137.1 万 m³。各类灌溉渠道总长度约 11 万 km，排水沟长度约 12 万 km。

3.1.4.3　工程管理

为适应现代农业发展的需求，农田水利工程的管理向精细化和专业化发展。针对灌排骨干工程：进一步完善管理机构，落实"两定、两费"；健全管理制度，构建长效管理机制；探索集约化管理，推广管养分离，试行专业化管理。针对面上小型农田水利工程：继续加强基层水利服务体系建设，通过"试点探索、整合优化、提升能力、官民互动、长短互补"的措施，建立健全基层水利管理机构条块结合的网格化管理模式，提升工程管理效率和水平。

1. 大中型灌区（泵站）骨干工程

全省 11 处大型灌区全部设置了管理机构（管理局或管理处）对骨干工程进行管理，专管机构比例达到 100％。全省 46 个重点中型灌区有 90％以上设置了专管机构对骨干工程进行管理，50％以上完成了"两定、两费"的改革工作。149 个一般中型灌区中，已有 60％以上灌区设置了专管机构对骨干工程进行管理。全省 8 座大型泵站管理单位性质为财政差额拨款的事业单位、自收自支、国家独资企业、纯公益型事业单位，主管部门清晰，管理规章制度健全；123座中型泵站90％的单位性质为自收自支、国家独资企业单位，10％的单位性质为集体单位，其中企事业单位主管部门基本清晰，管理规章制度基本健全。

2. 小型农田水利工程

浙江省量大面广的小型农田水利工程管理主要依托镇村集体经济组织开展。在骨干工程管理体制改革取得了一定成绩的基础上，开始探索小型农田水利工程建管体制改革，以期解决农村水利"最后一公里"的管护和服务问题。

根据《水利部、财政部关于深化小型水利工程管理体制改革的指导意见的通知》（水建管〔2013〕169号），先后制定印发了《关于深化农村水利改革强化基层水利服务能力的意见》《浙江省村级水利工作指导意见》《浙江省基层水利站建设标准》等文件，以乡镇或小流域为单元，建立健全"职能明确、布局合理、队伍精干、服务到位"的基层水利服务体系。通过基层水利服务体系，强化农田水利建设和管理的公益性职能。根据《水利部、财政部、国家发展和改革委员会关于开展农田水利设施产权制度改革和创新运行管护机制试点工作的通知》（水农〔2014〕287号），2014年开始，浙江省水利厅在全省范围推广小型农田水利设施产权制度改革，重点实施小型农村水利工程项目实施方式、明细和移交工程产权、创新工程运行管护模式三项改革内容，积极探索有利于小农水建设和管理的新机制。

3.1.5　农业用水状况

3.1.5.1　农业用水管理

随着工业化、城镇化进展的加快，生活用水和工业用水逐渐增加，农业用水量逐年下降，农业用水比例也呈现逐年下降趋势，灌溉水源"农转非"现象比较普遍。根据《2017年浙江省水资源公报》，全省总用水量为179.5亿m^3，其中农田灌溉用水量71.3亿m^3，约占39.7％；林牧渔业用水量9.56亿m^3，约占5.3％。农业用水量虽呈下降趋势，但仍是浙江省第一用水大户。

全省主要耗水农作物为水稻，水稻灌溉以充分灌溉为主。根据灌溉试验观测，早稻亩均净灌溉定额为185～230m^3/亩，晚稻177～285m^3/亩，单季稻220～355m^3/亩。节水灌溉主要以薄露灌溉为主。部分地区也种植草莓、茭白、甘蔗等用水量较大的作物，该类作物净灌溉定额一般为100～800m^3/亩，但种植面积较小。其他作物，如麦类、油菜、露地蔬菜，通常年份不需要灌溉。大棚蔬菜、瓜果类作物部分时段需要灌溉，但需水量均较小，净灌溉定额为40～70m^3/亩。2017年全省农田灌溉水有效利用系数为0.592，在全国处于中上水平。

农业灌溉用水管理方面，全省逐步建立了以集中调配水权为主导，统一调度与分段管理、分级负责相结合的管理制度，大部分大中型灌区及参与节水改造的小型灌区，均设有专门的管理机构对骨干工程进行规范管理，管理机构同时承担灌溉管理和水费计收测算等相关工作；末级渠系以下设施的管理形式比较多样化，存在着"乡镇、村委＋用水户（协会）""水利部门派驻机构＋用水户（协会）""灌区管理机构＋用水户（协会）""受益乡镇、村管理模式""水利会（协会）"等多种管理形式。

3.1.5.2　农业水价及水费

全省多数大中型灌区水管单位管理界限在支渠出口以上，灌区收取的水费为骨干工程水费，灌区支渠及支渠以下渠系不收水费，未推行终端水价、终端水费制度。小型灌区因面积较小，一般两级渠道到田，由村级组织（或农民用水户协会）管理，计收水费即为终端水价水费。

（1）水价制定及现行水价。现状全省农业水价地区间差异较大，高的达到 20～25 元/亩，低的仅有 2～3 元/亩，多数地区已经实行财政转移支付。其中，部分以自流灌溉为主的大中型灌区，正在推行"基本田亩水费财政转移支付，按方计量水费维持现状，定额管理、总量控制、超定额部分加价收费"的办法。如乌引和铜山源水库灌区，基本田亩水费由受益县（市、区）财政全额转移支付给灌区管理机构，再由市财政对受益县（市、区）财政按照转移支付额的 50％予以补助；按方计量的超额水费，按现状水价由受益乡镇政府负责向农户收取，统一上交给灌区管理局。河网型提水灌区多按亩均分摊水费的计收办法收费，并由财政转移支付，但是区域水价变动较大。部分小型灌区存在收取灌水综合费的情况，灌水综合费主要是提水电费，由村级放水员计量、分摊和收取。

（2）收费主体及水费计收。截至 2017 年，全省大部分灌区已经实现灌溉水费财政转移支付。财政转移支付有两种模式：一种是以行政区域为单位，农业水费由县（市、区）财政统一支付，这些地区一般分布在经济发达区域，地方财政实力较强；另一种是以灌溉区域为单位，地方政府承担当地主要灌溉区域（一般以灌区为单位）的农业水费，减轻农民负担。有些跨行政区域的大型灌区，部分地区的农业水费也由当地政府承担。

3.2　改革总则与路径

本节分析了浙江省在推进农业水价综合改革过程中面临的不利因素，明确了改革的指导思想与基本原则，提出了改革总体路径。

3.2.1　改革不利因素

浙江省地处南方丰水地区，经济发达，人口密集，耕地资源紧缺，农业经济占比小。对照国家农业水价综合改革的相关要求，实施农业水价综合改革面临着较多困难和不利因素。

3.2.1.1　灌溉用水总体不缺

全省多年年平均降水量超过 1600mm，单位面积水资源量位列全国第四，几乎每年都发生暴雨洪水。农业产区主要分布于河网平原和山地丘陵的河谷地带，上述区域河流交错，川流不息，为农业灌溉提供了丰富的水源。随着工业化、城镇化进展的加快，生活用水和工业用水逐渐增加，同时，有部分水稻田处于抛荒状态，或改种其他用水量较少的经济作物，农业用水比例也呈现逐年下降趋势，灌溉水源"农转非"现象比较普遍。由于天落水、过境水、地下水较多，不遇到特大干旱年（如 2003 年、2013 年），农业灌溉用水的短缺问题不明显，导致各级政府节水的内生动力不足，客观上导致对农业水价综合改革工作的不重视。

3.2.1.2 灌溉面积较为分散

据统计，全省大中小型灌区有 3.5 万余个，有效灌溉面积不到 2200 万亩，单个灌区面积平均仅有 600 多亩。从国内外现有的农业水价改革实践来看，以灌区为单元推进农业水价综合改革工作，对于统筹各项改革任务、发挥改革的综合成效是最有利的方式。但浙江现状灌区数量多、灌面小而散、灌区管理体制和管理模式多样等特点，总体不利于农业水价综合改革的规模推进。

3.2.1.3 农业灌溉基本不收费

根据农业水费执行现状初步调查，自 2004 年国家免征农业税以后，全省大多地区已不向农民直接计收水费，主要采取财政转移支付方式维持灌区工程的运行，其中：大型灌区约 90%通过财政转移支付方式维持水利工程运行维护，极少部分灌区通过向村镇收取一定水费（排灌费）补充运行维护支出；中型灌区由财政转移支付的占 65%左右，不收取水费的占 11%，直接收费的占 24%（按亩均分摊水费，用于电费及管理人员工资补助）；小型灌区一般由村里补贴支付，不向农民收取水费；但由于村级集体经济普遍较弱，确实也存在农田水利失修失管现象。虽然大中型灌区实行了财政转移支付，但尚不能满足运行维护的需求。同时，一些灌区管理单位也反映，由于收费难度大，财政转移支付仍然是保障工程良性运行的有效手段。另外，灌区群众已习惯于农业灌溉不用缴纳水费，再次恢复农业水费收取几乎不可能。而国家倡导的农业水价综合改革以核算水价、收缴水费为核心，这与浙江省现状水费制度存在较大的矛盾。

3.2.1.4 灌溉计量设施严重不足

灌溉用水计量是农业水价综合改革的关键环节，是实施农业用水总量控制与定额管理、农业节水奖励等的重要手段。由于地处南方丰水地区，农业灌溉用水基本不缺，加上基本不收农业水费，导致灌溉用水计量设施建设一直未受各地重视，大部分灌区从取水到田间用水都没有计量。近年来，各地结合农田灌溉水有效系数测算分析工作，在样点灌区渠首和典型田块新建了一些计量设施（全省 700 余处，以田块简易计量为主），其数量与量测精度远远不能满足农业水价综合改革工作的要求，如果要全部按要求建设，费用巨大。因此，农业灌溉计量设施不足是浙江省农业水价综合改革的主要短板。

3.2.1.5 农田水利运行管护不均衡

受传统"重建轻管"观念影响，目前全省水利资金绝大部分还是用在建设上。2016年启动水利工程标准化管理后，浙江省大中型灌区、大中型泵站、山塘等农田水利灌溉工程，均纳入标准化管理创建名录，落实了管护主体和责任，但纳入标准化管理创建多属灌溉骨干工程，很多末级渠系及建筑物仍维持村组自行管理的状态。据水利普查数据，全省涉及流量在 0.2m³/s 及以上的灌溉渠道共有 19052 条，渠道总长度 13916.5km，灌溉渠道建筑物（包括水闸、涵洞、渡槽、农桥和泵站）共 45692 座，农田水利工程的运行维护压力较大。

3.2.1.6 农田水利运维经费不稳定

从全省层面看，近年来中央不断加大农田水利维修养护资金投入，对地方财政投入起到了积极的撬动作用。但面对量大面广的小型农田水利工程，上述管理经费仍显不足。农田水利维修养护经费来源渠道少，往往还是"头痛医头、脚痛医脚"，没有建立行之有效的稳定的财政投入机制。部分地方财政往往是看菜下饭，只对中央、省级财政有补助资金的项目给予财政配套。从县级层面看，免收水费后，农田水利运管经费一部分由县级水利局根据农田水利经费渠道以项目的形式安排，另一部分由乡镇从每年的财政资金中统筹安排。由于水利项目资金的不确定性和乡镇统筹资金的不固定性，小型农田水利工程的运行管护经费存在数量不足、保障不稳定的问题。由于经费不到位，导致农田水利工程维修养护不能及时解决，渠道淤积、杂草丛生、工程设施老化失修等现象时有发生。

综上分析，浙江省实施农业水价综合改革面临着农业灌溉用水总体不缺、灌溉面积较为分散、农业灌溉基本不收费、计量设施严重不足、农田水利运管经费不稳定、管护不均衡等问题，对照《国务院办公厅关于推进农业水价综合改革的意见》（国办发〔2016〕2号）的要求，农业水价形成机制有待进一步健全，农业用水管理责任有待进一步明确，农田水利管护机制有待进一步完善。总体而言，农业水价综合改革"先天不足"，基础薄弱。

3.2.2　指导思想

认真贯彻落实党的十九大和党中央、国务院决策部署以及省第十四次党代会精神，按照"绿水青山就是金山银山"的理念和"节水优先、空间均衡、系统治理、两手发力"的治水思路，紧紧围绕保护粮食综合生产能力和保障农业绿色发展、农业供给侧结构性改革等用水需求，坚持市场调节和政府调控两手发力，以总体上不增加农民负担为前提，以创新体制机制为动力，以建立健全合理的农业水价形成机制和节水激励机制为核心，积极推行农田水利工程标准化管理，着力提高农业用水效率，加快农业发展方式转变。

3.2.3　基本原则

（1）因地制宜、综合施策。根据不同地区水资源禀赋、灌溉条件、经济发展水平、种养结构、经营主体等实际情况，制定符合实际、便于操作的改革方案。方案制订应注重与其他相关改革的衔接，综合运用价格杠杆、节水奖励和精准补贴等措施，引导农业用水户自觉增强节水意识。

（2）节水优先、稳粮促调。按照发展高效生态农业和推进农业供给侧结构性改革的要求，通过改变农业生产粗放用水的方式，大力推广高效节水灌溉和种养技术，在保障水稻等重要农作物合理用水需求的基础上，优化种植业结构，积极发展旱粮生产，确保粮食安全。

（3）两手发力、监管并重。充分发挥市场在资源配置中的决定性作用和政府作用，加大农田水利基础设施建设投入力度，探索开展农田水利工程产权制度改革，采取多种方式吸引社会资本参与工程建设与管护。积极推行农田水利工程标准化管理，提高运行效率和服务水平，有效降低农业用水成本。

（4）分级改革、突出终端。针对大中型灌区专群结合与分级管理，全省面上终端管理环节相对薄弱现状，农业水价综合改革应突出分级改革、聚焦终端原则，即大中型灌区骨干工程应结合标准化管理工作，重点在水价核算、用水计量和维养经费落实方面进一步深化改革；改革重点聚焦终端管理环节，应在终端用水组织建设、工程产权改革、建后管护机制、农业用水定额管理等方面开展改革，建立有效机制。

3.2.4 改革路径

深刻理解《国务院办公厅关于推进农业水价综合改革的意见》（国办发〔2016〕2 号）关于农业水价综合改革的总体要求，紧密结合南方丰水区的实际，提出改革总体路径——归纳为"1223"，即 1 个原则、2 个目标、2 条主线、3 类措施。

3.2.4.1 把握 1 个原则

根据国务院办公厅及有关部委的文件精神，此次农业水价综合改革要求"总体上不增加农民负担"。结合浙江实际，由于农业灌溉水费取消多年，灌区农户对缴纳农业水费已经没有"概念"，现实中不理解、不支持、抵触心理严重，如果强行恢复水费收取，不仅会增加现状农户的负担，还可能引来农户强力抵制，致使改革无法进行下去。因此，"总体上不能增加农民负担"应作为推进农业水价综合改革的一条根本原则。

3.2.4.2 紧盯 2 个目标

国务院办公厅及有关部委的文件对此次农业水价综合改革提出了较多的目标，包括农业用水体制机制创新、节水技术推广应用、农业种植结构优化等，但核心目标突出抓"节水"，通过各种措施（结构调整、推广节水技术、总量控制与定额管理、价格机制等），提高农业用水效率，促进农业节水。

结合浙江实际，农业节水仍为首选目标，这一点与省委、省政府"五水共治"的"抓节水"是一致的。但是，节水的内涵有所扩展，不单单是"量"的减少，更多的是"质"改善，通过抓农业节水减少面源排放，实现节水减排，进一步巩固"五水共治"成效。另外，应将"实现末级渠系农田水利工程良性运维"作为核心目标之一，分析原因：全省小型农田水利工程量大面广，长期以来受"重建轻管"思想的影响，运行管护经费投入不足，目前农田水利"最后一公里"问题比较突出，田间小型水利设施老化失修、失管严重。通过农业水价综合改革，带动农田水利设施工程产权制度与运行管护制度改革，进一步落实管护经费，有利于农田水利良性运行机制的建立，避免农田水利效益过早衰减。综合分析，浙江省推进农业水价综合改革，紧紧盯住"农业节水减排"和"农田水利工程良性运维"两个核心目标，重点解决终端农业用水管理薄弱和农田水利设施维养经费缺乏稳定保障的问题。

3.2.4.3 抓住 2 条主线

对应农业水价综合改革的两个核心目标——"促进农业节水减排、保障农田水利工程良性运维"，在改革实施中应牢牢抓住两条主线。

（1）"农业用水管理"主线，对应的目标是"促进农业节水减排"。从浙江省情况看，由于水资源相对丰富，现状农业用水管理粗放，水资源利用效率不高，特别大中型灌区末级渠系及小型灌区，存在着管理主体不明确，管理责任不落实，缺乏有效用水定额控制。此次农业水价综合改革重点要解决终端农业用水管理薄弱的问题，实现农业用水管理从相对粗放模式走向精细化管理模式，主要措施包括：落实用水管理主体和责任；开展农业水权分配，合理确定灌溉用水控制定额标准；实施农业用水定额管理，严格控制用水总量；调整农业种植结构，推广工程与农艺节水技术；建立节水奖励与考核机制。

（2）"末级渠系维修养护"主线，对应的目标是"保障农田水利工程良性运维"。从浙江省情况看，大中型灌区骨干工程基本都落实了专管机构管理，通过财政转移支付、标准化管理创建等途径，工程运行管护经费基本有保障，目前的问题还是在大中型灌区的末级渠系及小型灌区方面，管理主体不明确，管理职责不清晰，特别是工程维养经费缺乏稳定保障。此次农业水价综合改革重点要解决末级渠系的维修养护问题，主要措施包括：推进产权制度改革，明确工程产权归属；落实末级渠系维修养护主体，明确维修养护责任；制定维修养护标准及制度；实施维修养护工作；建立维修养护资金保障及考核机制。

3.2.4.4　推进 3 类措施

针对此次农业水价综合改革，国务院办公厅及有关部委的文件提出了工程设施改造、计量设施配套、农业水权制度建立、农业用水定额管理、成本水价测算、精准奖补机制建立、终端用水管理等 10 余项内容，结合区域实际，将其合并为三类改革措施。

（1）工程设施改造。通过农田水利设施改造和计量设施配套，进一步夯实农业水价综合改革的硬件基础。①按照此次农业水价综合改革"先建机制、后建工程"的要求，农田水利设施改造应紧密结合当地农田水利规划，遵循"边改边建、提档升级"的原则，着力加强高效节水灌溉"四个百万亩工程"、标准化小型泵站、生态型堰坝和"绿色灌区"等建设，促进小型农田水利工程提档升级，适应乡村振兴战略实施的需求。②农业用水计量监测是实施农业水价综合改革的关键环节之一。按照"统筹结合、因地制宜、简便节约"的原则配套计量设施，合理规划计量单元，选择合适的计量方法，其中：大中型灌区骨干工程要求渠首及主要支渠口配置计量设施，大中型灌区末级渠系及小型灌区的计量以首部控制为主，适当放大用水单元，与定额管理及节水奖励对象结合起来，保证用水单元分界点的计量。同时根据农业用水计量的特点，不宜片面追求计量精度。

（2）终端管理改革。落实终端管理也是此次农业水价综合改革的关键环节之一，核心是解决"有人管"的问题，即建立终端管理组织。结合浙江实际，终端管理组织建设应因地制宜，鼓励发展村级管水小组、专业合作社、农民用水户协会等多种形式的终端用水管理模式；农业用水管理主体方面，应抓住"放水员"这个关键，鼓励实行"一把锄头放水"管水；农业用水定额标准方面，应以省定标准为依据，结合各地农田灌溉系数测算成果，合理制定不同类型的农业用水定额；节水技术与措施推广方面，重点推广水稻薄露灌（间歇灌）、低压管道灌溉和经济作物喷微灌技术，提高农业用水精细化管理水平；末级渠系的维修养护主体，结合地方实际，可与用水管理主体兼岗并岗，提升管理效率；末级渠系的维养标准不宜定得太高，应以满足日常小型维养需求（如清淤、除草、小型维修等）为主，避免走"以建代养"老路。

（3）管理机制创新。机制建设是农业水价综合改革的核心工作，重点要解决"有钱管、有机制管"的问题。结合浙江省实际，建立四项机制：

1）农业水价形成机制：明确定价原则——大中型灌区骨干工程的农业水价原则上实行政府定价，末级渠系与小型灌区可实行政府定价或协商定价，终端用水环节实行分类水价；规范水价组成——农业水价总体达到或逐步提高到运行维护成本，其中运维成本主要包括设施维护费、人员劳务费、燃料动力费等费用；探索累进加价——有条件的地区，应按定额管理的要求，探索建立超定额累进加价制度。

2）农业用水精准补贴机制：明确补贴对象及用途——补贴对象为终端管理组织，重点补贴种粮农民定额内用水，超定额用水不予补贴，补贴资金原则上用于末级渠系工程的维修养护；规范补贴标准、形式与流程——大中型灌区骨干工程运行维护费"缺口"可结合水利工程标准化管理精准落实补贴资金，末级渠系和小型灌区应根据定额内用水成本与运行维护成本的差额确定，补贴实施过程可采取"一次确定补贴标准，分步实现足额补贴"的做法；补贴形式以直接资金补助为主；补贴流程为"考核—公示—兑现"。

3）农业节水奖励机制：明确奖励对象——终端管理组织中以放水员为代表的放水直接管理者；规范奖励标准——按照节水量大小实行分档奖励，超定额用水不予奖励；奖励流程为"考核—公示—兑现"。

4）管理考核机制：坚持分类、分级考核相结合，建立省对县（市、区）、县（市、区）对乡镇、乡镇对村的分级考核体系，考核评价结果纳入粮食安全责任制、最严格水资源管理制度、五水共治等考核内容；针对县级农业水价综合改革的考核方法，可采用线上、线下结合方式进行，线上开发县级农业水价综合改革信息化管理与考核系统，通过数字赋能，实现农业水价综合改革工作的全过程管理。线下出台县级农业水价综合改革绩效考评办法，实施分级、分类考核，加强改革的推进力度。

3.3 工程设施改造

本节重点介绍了浙江省农业水价综合改革三类措施之一的工程设施改造措施，分析了农田水利设施的改造目标、建设标准、技术方案；提出了计量设施配套的基本原则、总体布局、计量方法和率定方法等。

3.3.1 农田水利设施改造
3.3.1.1 改造目标与标准
1. 改造目标

按照农业水价综合改革工作的要求，结合省域小型农田水利工程改造经验，通过对灌区（灌片）、泵站、水闸、渠（管）道及排水沟等的改造，做到"灌得进、排得出、损失少、效率高"，形成"功能完备、配套齐全、形象靓丽、数字赋能"的格局，建立相对完善的农田水利设施体系，为农业水价综合改革提供工程基础保障。

（1）功能完备。机电设备（水泵、电机）等运行正常，泵站单位能耗、装置效率等高效；水闸启闭设备使用便捷、安全可靠；灌排渠道输水通畅，流量满足灌排要求；各类灌排设施完好、安全、耐久，灌排渠系良性运行率为90％以上。

（2）配套齐全。护栏、拦污栅、视频监控等安全防护设施配套得当，管理和保护范围明确；计量设施等满足取水用计量要求，技术指标满足国家和行业技术标准的要求。

（3）形象靓丽。建筑物外观风格美观大方，内部装饰简洁明亮，外围适当绿化美化，渠道干净整洁，与特色小镇、美丽乡村相协调；统一设置标识、标牌和主要管理制度等，满足标准化管理和农业水价综合改革要求。

（4）数字赋能。结合实际需要，采用自动控制、变频控制、远程控制等先进技术和设备，构建工情、水情、雨情、墒情等立体化信息采集，开展用水计划管理、信息统计、计量测报、水费计收或补贴、工程巡检等基本应用。

2. 改造标准

根据相关规范规程和标准，农田水利设施改造需达到以下指标：

（1）灌溉设计保证率：不低于90%。

（2）灌溉水利用系数：水稻区灌溉水利用系数不低于0.60，高效节水灌溉区块灌溉水利用系数不低于0.85。

（3）农田排涝标准：改造后的灌区排涝标准为旱作区10年一遇1天暴雨1天排至田面无积水，水稻区10年一遇1天暴雨3天排至耐淹水深。

（4）工程耐久性：工程使用年限不低于15年。

3.3.1.2 改造方案

1. 美丽泵站

（1）改造思路。遵循"节水高效、安全实用、整洁美观、管护规范"的原则，开展小型泵站改造，改造、外观提升后的小型泵站应达到以下标准要求：

1）节水高效。水泵单位能耗提水量不小于$30m^3/(kW \cdot h)$；轴流泵站与混流泵站装置效率不低于55%，离心泵站的装置效率不低于60%；配套流量计、水位计等直接计量或"以电折水"间接计量。

2）安全实用。机电设备等安装高程满足防洪排涝要求；进出水池必须封闭或设置安全护栏；门窗设置和用材采用防盗措施，有条件地区可配套电子防盗系统；各类阀门、仪表运行正常，根据需要采用自动控制或变频控制等先进技术和设备。

3）整洁美观。外观风格美观大方，内部装饰简洁明亮，外围适当绿化美化，与特色小镇、美丽乡村及整洁田园相协调；统一设置标识、标牌和主要管理制度等，泵站的管理和保护范围明确，并设置围栏等必要的管护设施。

4）管护规范。产权主体明确、管护责任清晰，积极推行物业化管理；放水员落实，泵站用水记录、维修养护记录、资金使用等各类台账齐全，运行管理制度、操作规程等规整、清晰。

（2）主要设计参数。

1）设计灌水模数。设计灌水模数计算公式为

$$q = \frac{m}{0.36Tt\eta} \tag{3.1}$$

式中：q为设计灌水模数，$m^3/(s \cdot 万亩)$；m为设计净灌水定额，一般取$70m^3/亩$；t为系统日工作小时数，一般取$20\sim22$ h；T为一次灌水延续时间，一般取$3\sim7$ d；η为灌溉水利用系数，不小于0.60。

以水稻灌区为例，设计灌水率q一般取值为$1.5\sim4.0m^3/(s \cdot 万亩)$。

2）设计流量计算公式为

$$Q = qA \tag{3.2}$$

式中：A 为灌溉面积，万亩。

3）设计扬程。水泵的设计扬程按泵站的进、出口设计水位差，并计入进、出水流道或管道的沿程和局部水力损失来确定，即

$$H = Z_d - Z_s + \sum h_w \tag{3.3}$$

式中：H 为系统设计水头，m；Z_d 为出水口高程，m；Z_s 为进口的高程，m；$\sum h_w$ 为系统总水头损失，m。

（3）改造案例。通过实施中央财政小型农田水利重点县（项目县）、高标准农田、农业水价综合改革等项目建设，全省小型泵站状况得到很大改善，涌现出湖州市机埠标准化建设等先进典型（见图 3.3～图 3.5），全省小型泵站建设投入不足、装机效率不高、外观形象不美的情况得到一定改变，对于实现农田水利工程标准化管理、提高服务"三农"水平、助推"美丽乡村"建设具有重要作用。

图 3.3　湖州市南浔区平乐村泵站

图 3.4　海宁市褚石村泵站

图 3.5　舟山市定海区烟墩村泵站

2. 美丽水闸

（1）改造思路。遵循"安全美观、设施齐全、管护规范"的原则开展水闸改造，改造后的水闸应达到以下标准要求。

1）安全美观。水闸主体结构、上下游连接段稳定，启闭设备运行正常，消能防冲设施齐全；水闸结构型式新颖、美观、有特色，与上下游河道（渠道）衔接自然流畅，与周边环境协调。

2）设施齐全。设置必要的安全防护设施，根据需要采用自动控制或远程控制等先进技术和设备；配套水尺、流量计、水位计等计量设施，警示牌、计量设施标示牌等齐全、内容完整，运用信息化手段开展用水监测、统计、反馈和预警。

3）管护规范。产权主体明确、管护责任清晰，积极推行物业化管理；各类台账齐全，

运行管理制度、操作规程等规整、清晰；警示牌、计量设施标示牌等齐全、内容完整。

（2）主要设计参数。

1）过流能力计算公式为

$$Q = \mu_0 B_0 h_s \sqrt{2g(H_0 - h_s)} \qquad (3.4)$$

式中：Q 为过流能力，m^3/s；μ_0 为淹没堰流的综合流量系数；B_0 为闸孔总净宽，m；h_s 为由堰顶算起的下游水深，m；H_0 为计入行进流速水头的堰上水深，m，平原区水闸的过闸水位差可采用 $0.1 \sim 0.3\text{m}$。

2）防渗计算：

$$L = C\Delta H \qquad (3.5)$$

式中：L 为闸身防渗长度安全值，m；C 为渗径系数，依据闸基土质选取；ΔH 为上下游水位差，m。

闸身防渗长度近似按基底轮廓不透水部分的总长度计算。

3）稳定计算。水闸应力及稳定计算应考虑按完建工况组合计算土压力＋闸室自重，按设计水位组合计算水重、静水压力、扬压力＋土压力＋闸室自重，按正常水位组合计算水重、静水压力、扬压力＋土压力＋闸室自重（下游无水），三种不同荷载组合的计算工况。

a. 抗滑稳定计算。根据《水闸设计规范》（SL 265—2016），闸室沿基础底面的抗滑稳定计算公式为

$$K_C = \frac{f\sum G}{\sum H} \qquad (3.6)$$

式中：K_C 为沿闸室基底面的抗滑稳定安全系数；f 为闸室基底面与地基之间的摩擦系数；$\sum G$ 为作用在闸室上的全部竖向荷载，kN；$\sum H$ 为作用在闸室上的全部水平荷载，kN。

在各种荷载组合工况下，闸室基底面抗滑稳定安全系数应满足 $K_C > [K_C]$。

b. 闸室基底应力计算。根据《水闸设计规范》（SL 265—2016），闸室基底应力计算公式为

$$P_{\substack{max \\ min}} = \frac{\sum G}{A} \pm \frac{\sum M}{W} \qquad (3.7)$$

式中：$P_{\substack{max \\ min}}$ 为闸室基底应力的最大值或最小值，kPa；$\sum G$ 为作用在闸室上的全部竖向荷载，kN；$\sum M$ 为作用在闸室上的全部荷载对于基础底面垂直水流方向的形心轴的力矩，$\text{kN} \cdot \text{m}$；A 为闸室基底面的面积，m^2；W 为闸室基底面对于该底面垂直水流方向的形心轴的截面矩，m^3。

平均基底应力为

$$\bar{P} = \frac{1}{2}(P_{max} + P_{min}) \qquad (3.8)$$

基底应力不均匀系数为

$$\eta = \frac{P_{max}}{P_{min}}$$

对于中等坚实地基土质，在各种荷载组合工况下，基底应力稳定计算应满足下列要求：

在各种计算情况下 $\overline{P}\leqslant[P]$；$P_{\max}\leqslant1.2[P]$

基本组合 $\eta\leqslant1.50$

特殊组合 $\eta\leqslant2.00$

（3）改造案例。水闸主要可分为节制闸、进水闸、分水闸、排水闸等。不同水闸在水利工程中所发挥的作用和功能不尽相同，水闸改造应结合工程功能性、景观美学性进行统筹考虑，以发挥水闸的综合效益。图3.6为美丽水闸（嘉兴桐乡）。

3. 灌溉渠（管）道

（1）改造思路。遵循"效率优先、生态兼顾、管护规范"的原则开展渠道（管）改造，改造后的渠（管）道应达到

图3.6 美丽水闸（嘉兴桐乡）

以下标准要求：①效率优先。满足渠道不冲不淤流速要求，在保证设计输水能力、边坡稳定和水流安全通畅的前提下，力求渠道断面最优；以"节水优先"为导向，减少渗漏，提高渠道的输配水效率。②生态兼顾。统筹考虑渠道的节水型和生态性，渠道改造过程中，在条件满足的情况下，下部采用硬质护岸，保证输水效率，上部采用生态护岸，保证岸坡的生态性。③管护规范。工程管理标识标牌齐全醒目、内容规范，重要工程设施禁止事项、安全警示标志设置到位；渠首计量，重要节点采用信息化、自动化等先进技术和设备开展用水统计。

1）渠道改造。

a. 流量计算。渠道的流量参照式（3.1）和式（3.2）进行复核。

b. 渠道横断面及纵坡设计。渠道纵坡基本依据现状渠底高程，保持现状纵坡，在确保重要渠系建筑物正常运行的前提下，尽量不改变建筑物进出口高程。对渠道底坡进行复核，同时水力计算应满足不冲不淤流速要求。对局部不满足设计要求渠段，根据需要采取开挖、砂石料垫层等工程措施适当调整渠底高程，使渠道达到设计要求。

渠道断面及流量复核公式如下：

$$Q=AC\sqrt{Ri} \tag{3.9}$$

$$C=\frac{1}{n}R^{1/6} \tag{3.10}$$

式中：Q 为渠道设计流量，m^3/s；A 为渠道过水断面面积，m^2；C 为谢才系数，$m^{1/2}/s$；R 为水力半径，m；i 为水力比降；n 为渠道糙率系数。

c. 渠道不冲不淤的校核。渠道不淤流速按式（3.11）计算：

$$v_{\text{不淤}}=C\sqrt{R} \tag{3.11}$$

式中：$v_{\text{不淤}}$ 为渠道允许不淤流速，m/s；C 为根据渠道泥沙性质确定的系数，取0.38；R 为水力半径，m。

流量小于 $1m^3/s$，可查表获得渠道不冲刷流速。

2）低压管道。

a. 流量计算。低压管道灌溉流量计算方法与渠道相同。

b. 水力计算。管道的设计流量按式（3.12）计算：

$$Q = \frac{n}{N} Q_{干} \tag{3.12}$$

式中：Q 为管道的设计流量，m^3/h；$Q_{干}$ 为干管的设计流量，m^3/h；n 为管道上同时开的出水口个数；N 为全系统同时开启的出水口个数。

管径按式（3.13）计算：

$$D = 11.5\sqrt{Q} \tag{3.13}$$

式中：D 为管道内径，mm；Q 为管道流量，m^3/h。

管道沿程水头损失计算公式为

$$h_f = f \frac{Q^m}{d^b} L \tag{3.14}$$

式中：h_f 为沿程水头损失，m；f 为摩阻系数；L 为管道长度，m；Q 为管道流量，L/h；d 为管内径，mm；m 为流量指数；b 为管径指数。

管道局部水头损失按沿程水头损失的 $10\% \sim 20\%$ 计取。

（2）改造案例。渠道改造一般以"三面光"为主，各地在提高水的利用率和兼顾生态性方面有不同程度的探索，各有特色。改造后渠道示例见图 3.7 和图 3.8。

图 3.7 改造后渠道（大中型灌区骨干渠道）　　图 3.8 改造后渠道（小型灌区田间渠道）

4. 排水沟

（1）改造思路。按"遵循自然、生态优先、末端治理"的原则进行排水沟改造，改造后的排水沟应达到以下标准要求。

1）遵循自然。在保障排水能力的前提下，尽量恢复排水沟应有的自然生态功能，减少人工治理带来的负面影响，保持排水沟结构的多样性。

2）生态优先。坚持生态优先和人水和谐，改造过程中，应结合排水沟现状条件，因地制宜。通过适当建设游步道、亲水平台等措施，促进排水沟的亲水性；通过采取生态护岸、植物绿化等措施，维护排水沟的生态性。

3）末端治理。在生态沟的末端，结合河道或湿地，通过种植水生植物，采用工程措施、生物措施等，构建河塘湿地系统，对农田排水中的氮、磷等物质进行吸收，减少面源污染的排放。

（2）主要参数计算。

1）排水模数的计算有经验公式法、平均排除法。

经验公式法计算公式为

$$q = KR^m A^n \tag{3.15}$$

式中：q 为设计排涝模数，$m^3/(s \cdot km^2)$；R 为设计暴雨产生的径流深，mm；A 为设计控制的排水面积，km^2；K 为综合系数（反映降雨历时、流域形状、排水沟网密度、沟底比降等因素）；m 为峰量指数（反映洪峰与洪量关系）；n 为递减指数（反映排涝模数与面积关系）；K、m、n 应根据具体情况，经实地测验确定。

平均排除法根据平原旱地和平原水田采用不同的计算公式。

平原旱地设计排涝模数计算公式：

$$q_d = \frac{R}{86.4T} \tag{3.16}$$

平原水田设计排涝模数计算公式：

$$q_w = \frac{P - h_1 - ET' - F}{86.4T} \tag{3.17}$$

式（3.16）和式（3.17）中：q_d 为旱地设计排涝模数，$m^3/(s \cdot km^2)$；T 为排涝历时，d；q_w 为水田设计排涝模数，$m^3/(s \cdot km^2)$；P 为历时为 T 的设计暴雨，mm；h_1 为水田滞蓄水深，mm；ET' 为历时为 T 的水田蒸发量，mm；F 为历时为 T 的水田渗漏量，mm。

2）排水流量计算公式为

$$Q = qA \tag{3.18}$$

式中：A 为灌溉面积，万亩。

（3）断面尺寸。排水沟断面尺寸根据式（3.9）和式（3.10）进行复核计算。

（4）改造案例。在排水沟改造方面，通过采用新型生态沟渠系统（见图 3.9 和图 3.10），有效兼顾了沟渠的水力调节及排水的计量监测，实现了农田面源净化与排水计量调节的多重功能，进一步吸收了农田排水中的氮磷等物质排放。在平湖市钟埭街道、曹桥街道、乍浦镇等地，推广面积约 2000 亩，经试验观测，排水氮、磷等污染物明显下降。

图 3.9　平湖市活罗浜灌区生态沟

(a) 自然断面　　　　　　(b) 经济断面

图 3.10　排水沟改造断面示意图

3.3.2　计量设施配套
3.3.2.1　计量目标与原则

根据灌区农田水利工程及农业用水现状，结合农业水价综合改革对用水计量的要求，提出农业水价综合改革用水计量设施配套的目标与原则。

1. 计量目标

通过计量设施的建设，对灌区渠首、输配水、田间用水及损失情况进行监测，并相对精确、系统地将农业用水情况发送至管理者，使其掌握灌区实际用水状况，为农业节水管理提供依据。

2. 计量原则

（1）经济性：农业用水计量应充分考虑经济性原则，以适应农业产业的经济承受能力，量水设施设备的建设费用不宜过高，尽量选择经济实用的设施设备。

（2）实用性：农业用水计量宜采取点面结合、测算结合的实用思路。渠首做到总量控制，田间实现以点代面或者测算结合，以适应灌区的量水环境和计量需求，避免因量水设施面面俱到布局导致高投资低收益。

（3）简便性：农业用水计量设施设备面向广大农户，选型时应重点考虑使用者的需求，尽量做到施工安装方便、操作使用简便、维修养护容易。

（4）适用性：农业用水计量设施设备要充分适应使用场景，因地制宜配套，应具备不易破坏、抗干扰性强、量水精度适当等特点。一般仪表量水误差不超过 5%，特设量水设备量水误差不超过 8%，水工建筑物量水误差不超过 10%。

（5）高效性：农业用水计量往往分布在灌区的田间地头，考虑现阶段使用方便和今后信息化发展需求，数据采集传输方面应具备方便、快捷、智能的特点，能及时准确地将用水信息发送给管理者，便于实施节用水管理。

3.3.2.2　计量布局

南方丰水区的灌区因地形差异一般分为平原河网区灌区和丘陵山区自流灌区，其计量设施布局也各有特色。另外，南方灌区渠系分级并未如规范所述般严格，渠道越级现象普遍，因此计量体系布局也应做出相应的调整。

（1）平原河网灌区。典型的平原河网灌区，由若干个以提水泵站为渠首（水源）、以输配水渠系（管道）为网络、以田间放水口为终端，面积在几十到几百亩不等的小微型灌区组成。平原河网灌区的计量设施布局，重点解决两个问题：①小微型灌区内部农业用水的计量；②面上全局农业用水的计量。结合浙江实践，提出计量布局建议如下。

1）以点代面、形式多样。典型的平原河网县级行政区一般有几百个到上千个小微型灌区组成，全部安装计量设施经济性和必要性不足，采用以点代面的方法相对合理。根据区域水源状况、工程状况、管理状况等综合因素，对县级行政区进行灌溉分区，在各分区内选择典型小微型灌区安装计量设施，其他小微型灌区则采用"以电折水"方法间接计量，并通过年度率定机制保证间接计量的精度。

2）首部控制，计量到片。典型小微型灌区内部计量，则以独立泵站为单元，在水泵或水泵出水明渠（管道）开展首部用水监测计量，以首部总水量表征该泵站控制区片的用水水平。必要时，也可选择典型放水口增设水表计量，以复核首部计量的结果。平原河网小微型灌区计量设施布局示意如图 3.11 所示。

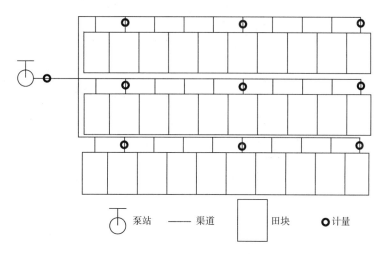

图 3.11　平原河网小微型灌区计量设施布局示意图

（2）丘陵山区自流灌区。典型的丘陵山区自流灌区，以水库（山塘）为水源、以输配水渠系为网络、以田间放水口为终端，其计量设施布局重点解决面上全局农业用水的计量和灌片区内部农业用水的计量问题。结合浙江实践，提出计量布局建议如下。

1）以点代面，测算结合。丘陵自流灌区，水源不单一，渠系分布复杂，现状无法实现全部水源水量计量。因此，农业水价综合改革中提出以点代面、测算结合的方法。点上分乡镇选取典型灌片，根据典型灌片现场条件，考虑采用人工观测或自动化计量等多种形式开展农业用水计量工作。

2）入口控制，计量到片。典型灌片内部，在灌区管理和属地管理的分界点分片计量。有支渠的，在支渠进水口建设计量设施，计量到片；无支渠的，在灌片进、出口的干渠段分别建设计量设施，计量到片。灌片内部按面积分摊水量。对于集中连片的新型农业经营主体，则可以直接计量到户。丘陵山区自流灌区计量设施布局示意图如图 3.12 所示。

3.3.2.3　计量方法

1. 常用计量方法

根据《灌溉渠道系统量水规范》（GB/T 21303—2017），常用农业灌溉用水计量方法可分为直接计量方法和间接计量方法。直接计量方法包括流速仪量水、标准断面量水、水工建筑物量水、堰槽量水、仪表量水等；间接计量方法包括以电折水、时间换算等。

（1）流速仪量水。按照测量规范，直接用流速仪在渠道内多点量测流速，根据渠道断面和流速计算流量，通常用于其他测量方法的流量系数率定。图 3.13 为渠道流速仪量水照片。

该方法优点是可以在不改变渠道布置、不设任何建筑物的情况下量测水量；缺点是无法做到实时计量，对测流断面选择要求较高，要求渠段平直、水流均匀、无漩涡和回流、水流方向与断面垂直等。

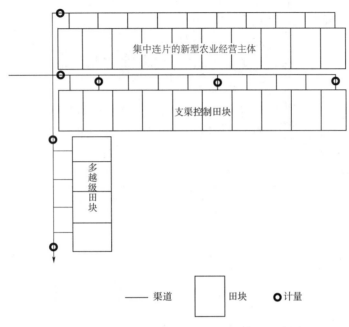

图 3.12 丘陵山区自流灌区计量设施布局示意图

（2）标准断面量水。在断面稳定，没有回水影响的渠段内，设置水尺观测水位，利用率定好的水位流量关系，求得流量。图 3.14 为渠道标准断面量水照片。该方法优点是简便易行，设备费用低，容易为群众所掌握；缺点是对标准断面选择要求较高，测流渠段的水流应不受下游节制闸或壅水建筑物回水的影响，即测流断面的流量随水位呈单值函数关系变化。

图 3.13 渠道流速仪量水照片

图 3.14 渠道标准断面量水照片

（3）水工建筑物量水。利用灌溉渠系上设有的各种过流符合一定量水水力学条件的配套建筑物进行用水计量，其原理为通过量测过水建筑物上下游的水位，根据不同流态的流量计算公式，选用适当的流量系数，推求出过水流量和累计水量。图 3.15 为量水水工建筑物（水闸）。该方法优点是可减少因灌溉系统设置量水设施所产生的水头损失，又可节省附加量水设备的建设投资；缺点是测量操作和计算相对比较复杂，技术难度较大。

（4）堰槽量水。采用三角堰、矩形堰、平坦V形堰、巴歇尔量水槽、无喉道量水槽、简易量水槛及柱形量水槽等堰槽量水。该方法的优点是通过量水建筑物主体段过水断面的科学收缩，使其上下游形成一定的水位差，从而得到较为稳定的水位流量关系，使测量结果相对精准；缺点是会带来一定的水头损失，使用时应根据具体边界条件和不同的精度要求，选择相应的特设量水设备。图3.16为简易量水槛量水装置。

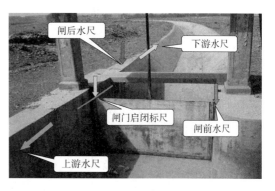

图3.15 量水水工建筑物（水闸）

（a）量水槛

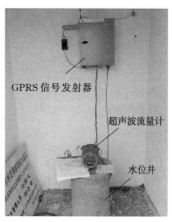

（b）设备

图3.16 简易量水槛量水装置

（5）仪表量水。使用仪表类流量计对管道过水流量进行直接计量。电磁流量计量水照片见图3.17。该方法的优点是仪表结构简单、量测直观、计量简便、能累计水量；缺点是仪表易被渠中水草等杂物缠绕，造成失准或损坏。使用仪表量水还需注意两点：①过水管道必须规则标准；②必须满管出流，出水口被下游最低水位所淹没。

（6）间接量水。将水量与用电量、时间、耗油量等指标建立联系，通过量测间接指标推算水量的方法。该方法的优点是可以利用相对容易获取的指标或利用现有计量设备来推算水量，节约投资；缺点是间接推算精度相对较低，且不同设备、同一设备不同工况下推算关系不同，需要经常率定，确保推算结果准确。

不同量水方法优缺点比较见表3.2。

图3.17 电磁流量计量水照片

表 3.2 不同量水方法优缺点比较表

计量方式	优 点	缺 点
流速仪量水	精度高,常作为其他量水方法率定之用	无法实时量测,对现场的施测条件要求高
标准断面量水	(1) 可利用现有符合标准断面的渠段进行量水,或在原渠道上构造标准断面,施工简单、快捷,成本较低; (2) 测量设备少,可采用水尺或水位计,且安装简单,维护方便	(1) 测量精度易受渠段淤积影响,对渠段上下游的渠道结构、水流形态要求较高; (2) 测量精度一般; (3) 建立水位流量关系及其率定受人工误差影响大
渠系建筑物量水	(1) 可利用渠道已有的涵闸、渡槽、倒虹吸、跌水等,无须重新建造测流基础,可以节约成本; (2) 所需测量设备少; (3) 安装简单	(1) 依据水力学公式计算流量,需要有综合修正系数,该系数确定较复杂; (2) 容易受建筑物的形状、结构、边界条件的影响,测量精度难以保证,稳定性较差; (3) 测量设备因前后流态不稳定,测量精度不高
堰槽量水	(1) 成本费用较低; (2) 安装和使用简单方便	(1) 修正系数确定复杂,测量精度难保证; (2) 易受建筑物的形状、结构、边界条件的影响; (3) 测量需要稳定流态
仪表量水	(1) 安装简单,精度较高; (2) 适用性较强,测量范围较广; (3) 运行维护方便	(1) 容易受到渠道中的垃圾、淤泥等影响; (2) 成本相对较高
以电折水	不需要安装设备,节省投资	(1) 只适用于提水灌溉; (2) 需测定"以电折水"系数

2. 计量方法推荐

结合浙江省农业水价综合改革实践经验,南方丰水区农业用水计量模式,明渠推荐采用标准断面、堰槽进行量水,管道采用仪表量水,提水泵站采用以电折水间接计量。

(1) 明渠标准断面量水。通过在明渠标准断面上设置水位传感器实时监测渠道水位,通过水位流量关系获取渠道流量的一种直接量水方法。该方法使用的水位计通常为超声波水位计、雷达式水位计或压力式水位计。与此同时,为保持渠道内的水流稳定,水位计安装位置前后应具有一定长度的顺直渠段(渠底宽的 5~10 倍),且渠道三面光滑。超声波水位计量水示意图如图 3.18 所示。

(2) 明渠简易量水槛量水。若计量控制点的渠道无标准断面、渠系建筑物量水的条件,且渠道断面规模不大(小于 $1.0 m^3/s$),渠底坡降较大,符合自由流条件,可考虑采用简易量水槛量水(见图 3.19)。

该方案以简易量水槛作为特设量水设施,在量水槛上游水流平稳处设置自动水位计,利用量水槛稳定的水位流量关系,通过上游水位计获得实时水位,便可计算实时流量及累

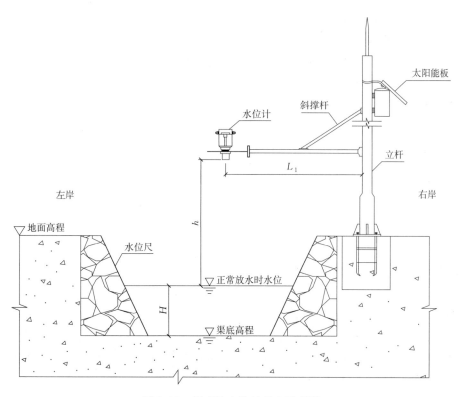

图 3.18 超声波水位计量水示意图

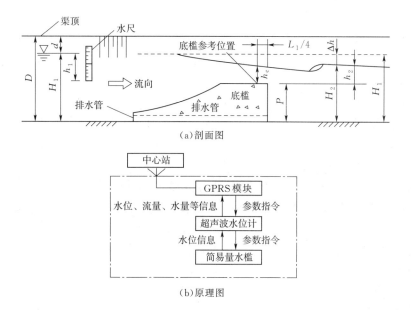

（a）剖面图

（b）原理图

图 3.19 简易量水槛量水示意图

计用水量等信息，配置远传装置，便可实现量测信息的远程实时查询。简易量水槛流量计算经验公式如下：

$$Q = Ch_1^n \tag{3.19}$$

式中：Q 为过槛流量；h_1 为槛顶上游水深；C 为系数；n 为幂指数。

（3）管道仪表量水。通过水表、电磁流量计、超声波流量计等直接计量管道过水流量的一种计量方法。这种方法原理较为简单，但对安装要求较高，且水表容易受到水质影响，损坏率较高。超声波流量计安装示意图如图 3.20 所示。

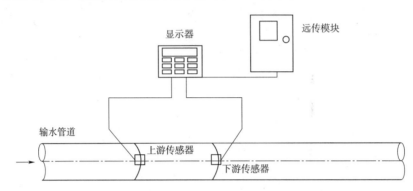

图 3.20 超声波流量计安装示意图

（4）"以电折水"间接量水。利用提水量和电量稳定对应关系，通过记录电量进而换算得到水量的间接量水方法。"以电折水"计量示意图如图 3.21 所示。该方法具有造价经济，易推广的优点；缺点精度不高，在利用提水机埠灌溉的区域较为常用。"以电计水"方法间接量测泵站出水量的原理：

$$K = \frac{Q}{E} \tag{3.20}$$

式中：K 为泵站的"以电折水"参数，$\text{m}^3/(\text{kW} \cdot \text{h})$；$E$ 为泵站运行过程所消耗的电量，$\text{kW} \cdot \text{h}$，在实际计算过程中，利用电表在泵站关机时读数减去初始读数，再与电表的互感器倍数 R 相乘得到。

"以电折水"间接量水关键是泵站用电量与提水量关系的稳定性。理论上讲，泵站提水效率主要受泵站型号、提水扬程、装置效率等诸多因素影响。从泵站型号看，平原河网灌区常见的轴流泵、混流泵、离心泵等，由于机械驱动的原理不同，单位用电量的提水效率也差异较大，但泵站建成后该参数不变；从提水扬程看，该指标与泵站出水量关系密切，但平原河网由于水位变化幅度小，该参数在灌溉期间的总体变化不大（扣除汛期）；从装置效率看，它会直接影响提水效率，随着泵站运行时间的加长，装置效率会逐渐降低，该参数与建设年代、设备保养状况等有关。因此，该量水方案适宜的前提条件是河网水位变幅小，考虑到装置效率随着泵站运行时间会发生变化，要求 1～2 年必须率定 1 次，确保泵站单位用电量的提水效率在一定时间内保持稳定性。

3.3.2.4 计量率定

明渠标准断面量水和"以电折水"法量水分别将水位和电量转换为水量，按规范要求需定期进行率定。其中，明渠标准断面量水通过率定计量监测断面不同水位对应的流量，绘制水位－流量关系曲线，拟合出流量公式中的相关参数，确定监测断面的流量公式；"以电折水"法量水通过率定一定时间段的用电量和提水量，计算出单位电量提水量。率

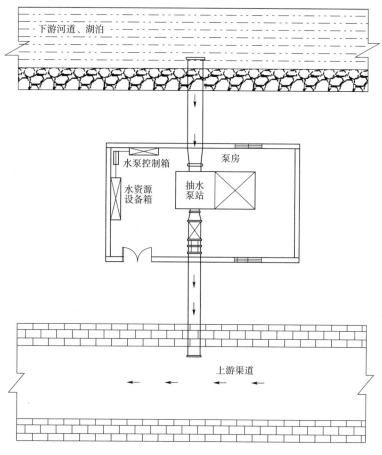

图 3.21 "以电折水"计量示意图

定方法如下:

1. 率定设备

（1）明渠水位计法率定设备：采用旋桨式流速仪，配合皮尺、测杆、坡度尺等辅助设备共同施测。

（2）以电折水法率定设备：采用手持式超声波流量计，配合秒表、皮尺、游标卡尺等辅助设备共同施测。

2. 率定标准

根据浙江省实践经验，结合规范要求，提出率定标准如下。

（1）标准断面量水率定误差限值：采用水位流量关系式推求流量，率定误差限值为：累积频率 95％时为±5％；累积频率 75％时为±3％。系统误差为±0.5％。

（2）泵站量水率定误差限值：单次实测的泵站单位电量提水量与平均泵站单位电量提水量之差应小于±8％。

3. 率定技术要求

（1）明渠水位计法率定技术要求。

率定断面原则上为水位计监测断面。

垂线布设方法：渠道标准断面垂线间距应不大于渠宽的 1/5，且测深垂线与测速垂线合并设置。

垂线间距测量：垂线线间距应在布置垂线时设置固定标志，其间距应事先测出，并应测量出靠近岸边垂线外侧的水边宽度。

垂线水深和监测断面水深测量：垂线水深可用测杆、水尺测量，有壅水现象时，应修正壅水影响的水深误差。

流速测量方法：流速测量方法可采用一点法、二点法、三点法，单个测点的测速历时，不宜少于 100s。

图 3.22　明渠水位计法率定现场照片

断面流量计算：断面流量按照《灌溉渠道系统量水规范》中的计算步骤和要求，分别计算垂线平均流速、部分平均流速、部分面积，最后计算出断面流量。

图 3.22 为明渠水位计法率定现场照片。

（2）"以电折水"法率定技术要求。

施测直管段选择：满足直管段的要求上游侧 10 倍直径以上，下游侧 5 倍直径以上的测试要求；上游侧大约 30 倍直径以内没有干扰流动状态的因素；管道内必须充满液体，液体内不含气泡或其他异物。

仪器安装：一般在 100mm 以上的管道上使用，或安装空间较小，或要测量的是浑浊高的液体，或管道是水泥砂浆衬里，或管道陈旧及内壁结垢时，建议使用 Z 型安装方法；一般在 20～300mm 的管道上使用时，建议使用 V 型安装方式。

流量测量：参数设置完成后进行零点调整，输出响应时间设定、测量输出值校准等准备工作，即可开始采集流量数据，流量数据每隔 5min 采集一次，一般每次测量时间不低于半小时。

功率测算：待水泵出水量稳定时，与流量测量同步进行，采用秒表计时，记录用电量，计算得到单位时间内的用电量，即功率。

"以电折水"法率定现场照片见图 3.23。

4. 流量参数确定方法

（1）明渠水位计法。将实测断面流量和相应特征水位代入已选定的率定公式中，绘制出水位流量关系曲线，得到水位和流量的回归方程，并计算该标准断面的实际流量系数。

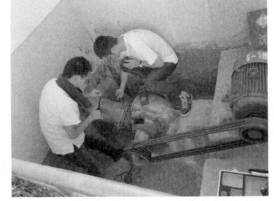

图 3.23　"以电折水"法率定现场照片

$$Q = KH^u \tag{3.21}$$

式中：Q 为断面流量，m^3/s；H 为断面水深，m；K 为拟合系数；u 为拟合指数。

（2）"以电折水"法。将泵站流量 Q 和用电功率 W 采用式（3.20）进行计算，得到水泵单位电量的提水量：

$$I = \frac{Q}{W} \tag{3.22}$$

式中：I 为单位电量的提水量，$m^3/(kW \cdot h)$。

3.4 终端管理改革

本节重点介绍了浙江省农业水价综合改革三类措施之一的终端管理改革措施，主要从终端用水管理组织建设、农业水权分配、农业用水定额管理、农田水利工程管护方面，介绍了具体改革措施与做法。

3.4.1 终端用水管理组织
3.4.1.1 组织类型

作为满足农业水价综合改革的终端用水管理组织，倡导以基层用水者主导和参与的农民用水合作组织，主要包括农民用水户协会、农民水利合作社、灌溉合作社等，由区域农户自愿参加，按照"合作互助、民主管理和自我服务"的原则建立，在民政、工商进行登记或备案，是一种非营利性的经济组织和自治组织。农民用水合作组织具有独立的法人地位，实行民主管理，独立核算，在国家法律和章程规定的范围，享有其管理的水利工程设施所有权、经营权和管理权，具有水利灌溉管理权和收费权，与灌区管理单位在水利工程设施建设与管理中是相互合作的关系，在灌溉管理工作中是供需关系，在水的交易中是买卖关系。

农民用水合作组织对于基层来说比较复杂，在浙江省农业水价综合改革实践中，因地制宜，遵循"宜会则会、宜社则社、便于操作"原则，部分地区结合实际，在农民用水合作组织基础上，简化程序和职能，依托村级管理体系，建立村级用水管理小组，主要负责管理范围内农田水利的灌溉、维修养护等基本服务职能，达到农民用水合作组织管理的基本效果。针对灌区内的种粮大户、农民专业合作社和家庭农场等新型农业经营主体，鼓励建立"自用自管"的良性机制，承担其管理范围内的工程设施维修养护和用水管理职责。目前浙江省主要采取的终端用水管理方式主要有如下几种类型。

1. 农民用水户协会

农民用水户协会是在民政部门登记注册或备案的非营利性的经济组织和自治组织。其主旨是为了增强农业抗御自然灾害能力、改善农业生产条件、提高农业综合生产能力、促进农民增收、发展农村经济，是国家为加强末级渠系工程运行维护管理，提高灌溉管理水平，解决好农业水利"最后一公里"问题制定的管理体制改革。国务院和相关部委多次发文，阐述加强用水户协会建设的重要性、发展的指导思想和原则，规范协会的职责任务、组建程序和运行管理，为农民用水户协会健康发展营造良好的政策环境。

根据农业水价综合改革的要求，近几年浙江省建立了一批协会组织。如丘陵区大中型自流灌区以支斗渠为单元，成立农民用水户协会［示例见图 3.24（a）］；滨海小灌区以行政村为单位，建立协会组织［示例见图 3.24（b）］。

（a）衢州市龙游县龙西村农民用水户协会　　　　　（b）舟山市定海区烟墩农民用水户协会

图 3.24　农民用水户协会组织示例

（1）组织框架。会员代表（用水者）大会是农民用水户协会最高机构，会员代表通过会员民主推荐或选举的方式产生，名额按各受益区的人数、户数等条件产生，任期每届 2～3 年。大会一般每年召开 1～2 次（年初和年末各一次），特殊情况增开。协会设执行委员会（执委会），负责协会的日常运行工作，任期一般 2～3 年，执委会设主任 1 名，副主任 1～2 名，委员 3～5 名，执委会成员通过会员代表大会民主选举产生。

农民用水户协会组织框架如图 3.25 所示。

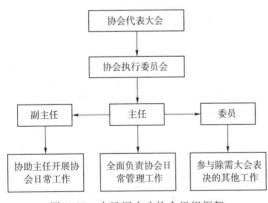

图 3.25　农民用水户协会组织框架

（2）组建过程。农民用水户协会组建按照社会团体有关要求，组建过程一般如下。

1）成立筹备小组：筹备小组由受益范围内的主要成员组成，以管理机构的单位牵头为宜。如灌区范围内，由灌区管理机构、渠道管理所、所在乡镇村代表牵头组成，便于开展协会筹备工作。

2）落实办公场所：为了保证协会工作的连续性、稳定性，通过协商讨论，安排专门的办公室作为协会的办公场所，配置必要的办公用具。

3）加强宣传发动：筹备小组向辖区内用水户发放宣传材料，宣传成立协会的有关政策，组建方式、组建协会的目的、意义、方法及步骤，组建协会所需的基础资料等，让基层的干部和群众了解组建协会的益处，从而萌发了成立协会的愿望。

4）细化管理边界：以行政区划或者渠系、水系等细化协会内部管理边界，内部划分管理小组，初步确定管理架构。如灌区可结合受益灌溉支斗渠的灌溉地块为界限，确定协会的灌溉边界，以管理所受益的村为单位划分用水小组。

5）确定会员代表：对协会内各用水小组的大户、农户等情况进行摸底调查，各小组推荐协会会员代表。

6）拟定章程制度：筹备小组指导协会拟定《农民用水户协会章程》、供用水管理、田间渠道维护、水费收缴、财务管理等规章制度和办法，明确各方的权利、责任和义务。

7）推选协会代表。召开第一届会员代表大会，推荐选举热心群众公益事业、群众威望高、组织管理能力强的能人为主任、副主任，以及执行委员会委员。

8）协会注册登记：筹备小组向协会提供必要的注册资金，指导协会向地方民政局提交协会登记申请，登记相关人员信息及其他相关资料，经民政局审查通过后，核发社团法人登记证书。

2. 农民水利合作社

农民水利合作社是在工商部门登记注册或备案的非营利性经济组织和自治组织，是为适应随着新型工业化、城镇化和农业现代化的同步快速发展，农村土地加速流转、各类新型农业经营主体不断发展壮大，对农田水利现代化、灌溉节水高效化、农村水利工程建设管理专业化和服务社会化新的要求而成立。浙江省平湖市结合小型水利工程区域化集中管理，成立 82 个村级水利服务专业合作社，作为农田水利设施管护的主体，开展本村的农业用水管理及小型农田水利设施日常管理维护。在实际筹建过程中，农民水利专业合作社存在功能单一、"造血"功能不足等问题，可结合其他职能成立综合性的农民专业合作社，水利灌排设施建设和运行管理作为业务范围之一。图 3.26 为嘉兴平湖市沈家弄村水利专业合作社照片。

(a)营业执照　　　　　　　　　　　　(b)办公室

图 3.26　嘉兴平湖市沈家弄村水利专业合作社照片

（1）组织框架。合作社组织机构与协会类似，合作社成员大会为最高权力机构，由全体成员组成，每年召开 1～2 次大会。成员超过一定数量时，可按固定名额选择产生 1 名成员代表，组成成员代表大会，成员代表大会履行成员大会的除合并、分立、解散、清算和对外联合以外的全部职权，成员代表任期 2～3 年。合作社设理事长 1 名，任期为 2～3 年，为法定代表人可连选连任。同时设理事会，对成员大会负责，设副理事长 1～2 人，

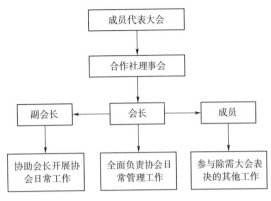

图 3.27　农民水利合作社组织框架图

任期为 2~3 年，理事会成员由成员代表推荐或选举组成。农民水利合作社组织框架如图 3.27 所示。

（2）组建过程。农民水利合作社组建过程如下：

1）酝酿阶段：发起人寻找五户以上由相同需求、产业相近的人员酝酿组建成立合作社的相关事宜。咨询相关部门组建合作社需具备的基本条件和所需的相关材料。

2）筹备阶段：确定合作社名称，拟定合作社的章程、制度等，选举产生理事会成员，确定理事长、副理事长等管理人员。

3）注册登记：向工商部门提供选举决议、法人证明、办公室场所证明、章程、制度等复印件，申请注册。注册完成后，向技术监督局提供注册完成材料，申请办理单位代码。

4）刻制印章：提交营业执照复印件等材料，向公安部门申请刻制印章，主要为合作社章和财务印章。

5）其他登记：主要为税务机关办理税务登记和银行专用账号。

3. 村级用水管理小组

目前部分地区农民用水户协会、农民水利合作社正式组建与运行存在着登记注册较难、运行管护经费短缺、管理队伍后继乏人、运行管理不规范等问题。农业水价综合改革要求覆盖省级所有改革有效灌溉面积，全部组建农民用水合作组织难度极大。实际推进过程中，浙江省提出以现有村集体管理模式为起点，在此基础上完善终端管水组织，组建"村级用水管理小组"（示例见图 3.28），承担改革要求的田间用水管理及工程日常管护职责，提升水利工程管护和农业用水管理能力。

图 3.28　湖州德清张陆湾村村级用水管理小组办公场所

（1）组织框架。相对农民用水合作组织，村级用水管理小组具有成立简便的特点，管理主要负责人为村委领导，吸纳放水员、维修员等为成员；组织运行有抓手，经费有一定基础，小组不会随人员变化出现解散、退化等情况，便于在全省大范围推广。各成员职责分工如下。

1）管理小组组长：由村领导兼任或民主推举，负责小组组建和日常管理工作；负责辖区内农田灌排设施的兴建、维护计划的制订与监督；负责灌溉用水计划的制订与监督；调解供水纠纷、宣传培训；负责每年典型计量点种植结构信息统计、填报、核实等。

2）放水管理组：由村放水员组成，负责辖区内灌区的用水配水实施、灌溉制度的执行、灌排设施的养护等，及时反映工程状况，并做好相应记录。

3）工程维养组：负责水泵、电机、控制柜、闸门等机电、金属设备以及渠道及建筑物的维养，及时反映工程状况，并做好相应记录。

除特殊岗位外，放水管理组与工程维养组成员间可兼岗并岗，综合管理职责、提升管理效率。村级用水管理小组组织框架如图 3.29 所示。

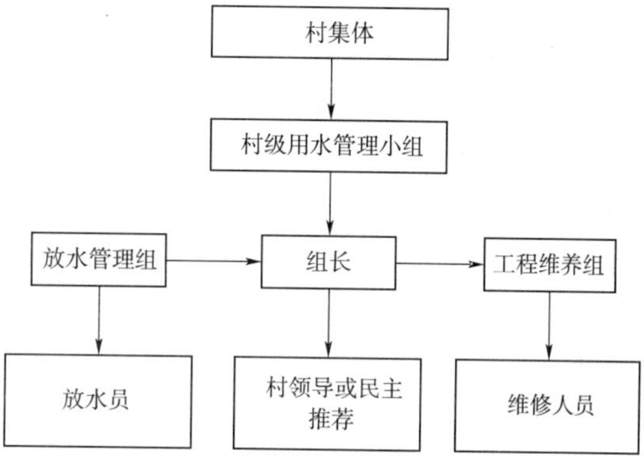

（2）组建过程。村级用水管理小组的组建过程如下。

1）组织发动：村级用水小组一般由村委发起，根据村级实际情况，由单村或联合周边其他村筹备用水管理小组。

2）调查统计：对筹备区域范围内的小型农田水利工程，管理者、用水户等进行调查，并做好备案登记。

3）组建小组：按照小组的组织框架，确定小组的组长，按照村级小型农田水利工程实际需求，组建放水管理组和工程维修养护组，相关成员登记造册。

图 3.29　村级用水管理小组组织框架

4）乡镇批准：乡镇对上报小组成员进行审核，汇总区域所有村级小组后，由乡镇政府发文确定，建立村级用水小组，并报县级水利局备案。

5）挂牌履职：按照成立的村级用水管理小组，配备办公条件，制定相关运行管理制度，履行村级农田水利工程放水、运行管护等各项职责，并对放水员、维修员进行监督考核。

4. 其他形式组织

浙江省农业水价综合改革推进过程中，除上述三种主要的终端管理组织外，各地创新管理方式，部分地方结合现有管理组织，扩展管理范围，将农田灌溉用水管理和小型水利工程管理职责一并纳入，形成组织化、专业化的管理组织。如诸暨市结合历时悠久的水利管理协会，长兴县结合圩区管理服务中心等，扩展管理范围，将"最后一公里"管理职责全部纳入。其他终端管理组织类型示例见图 3.30。

(a)长兴县大斗圩区管理服务中心登记证书

(b)诸暨市西泌湖水利协会

图 3.30　其他终端管理组织类型示例

3.4.1.2　管理制度

健全可行、简便操作的管理制度是终端用水管理组织有效发挥作用的重要保障。根据组织类型的不同，核心的管理制度主要有农民用水合作组织章程、末级灌排设施维修养护制度、灌区放水管理制度、监督检查制度。

（1）农民用水合作组织章程。农民用水户协会（农民水利合作社）章程是保证协会（合作社）组织思想统一、保障成员权利、规定组织纪律和义务、建立组织管理机制等的根本所在。定海区烟墩农民用水户协会章程宣传栏见图 3.31。

图 3.31　定海区烟墩农民用水户协会章程宣传栏

章程一般内容如下。

1）总则：明确协会（合作社）名称、性质、宗旨，确定办公地点和上级管理监督组织。

2）业务范围：明确协会（合作社）服务的地域范围和业务范围，主要包括灌溉范围、维修养护范围、水费收缴、供水服务等内容。

3）会员（成员）权利和义务：明确协会（合作社）的会员（成员）产生的基本条件、加入和退出程序，规定会员（成员）享有的权利、应履行的义务。

4）组织机构和负责人产生、罢免：明确协会（合作社）的最高权力机构会员代表大会的职权和会议召开相关规定，规定委员会（理事会）的产生程序、职权，以及会长、副会长等协会（合作社）重要岗位的产生程序、换届方法、职权范围。

5）资产管理：明确协会（合作社）经费的来源、使用范围、使用流程、结算等内容，以及换届选举之前的财务审计要求。

6）章程的修改程序：规定章程本身不完善之处进行修改程序。

7）终止程序和财产处理：对协会（合作社）解散程序和财产处理作基本规定。

8）其他规定：针对协会（合作社）的一些特殊规定。

（2）末级灌排设施维修养护制度。以明确管理责任和措施办法，发挥工程效益为目标，探索建立末级灌排设施维修养护制度。落实末级灌排设施维修养护责任主体，明确维修养护职责，提出维修养护要求，细化维修养护标准。将维修养护和放水任务划分到对应人员。对于已建农田水利工程运行、检查中发现工程或设备局部损坏，无须通过大修便可恢复工程或设备功能运行的简单修理和维护得以及时有效的实施。维修养护制度主要内容框架见图 3.32，泵站放水养护台账记录示例如图 3.33 所示。

（3）灌区放水管理制度。探索建立以"放水员"为管理主体、节水灌溉技术为管理依据的放水管理制度。制度应明确放水员职责、放水管理要求等内容。通过制度管理，各用水户需要灌溉用水时，由放水员"一把锄头放水"，统一协调，杜绝"一户一灌、跑冒滴漏、通水不畅"等现象，实现定额管理、节约用水、减少污染。灌区放水管理制度框架如图 3.34 所示。

维修养护对象 → 灌区内为农业生产服务的末级灌排设施，如灌排机埠、渠系等

维修养护程度 → 明确养护和维修的标准，以及实施后达到的程度

维修养护责任 → 主体：村集体，具体村级终端组织实施；责任人：放水员负责放水；维修员负责维养

维修养护监督 → 主体：乡镇水利站；具体水利员考核

灌排设施检查 → 明确维修养护具体人员对灌排设施检查频次

灌排设施检查 → 明确维修养护具体人员检查灌排设施的主要内容

台账记录汇总 → 制定放水和维修台账记录形式和成果汇总

图 3.32 维修养护制度主要内容框架图

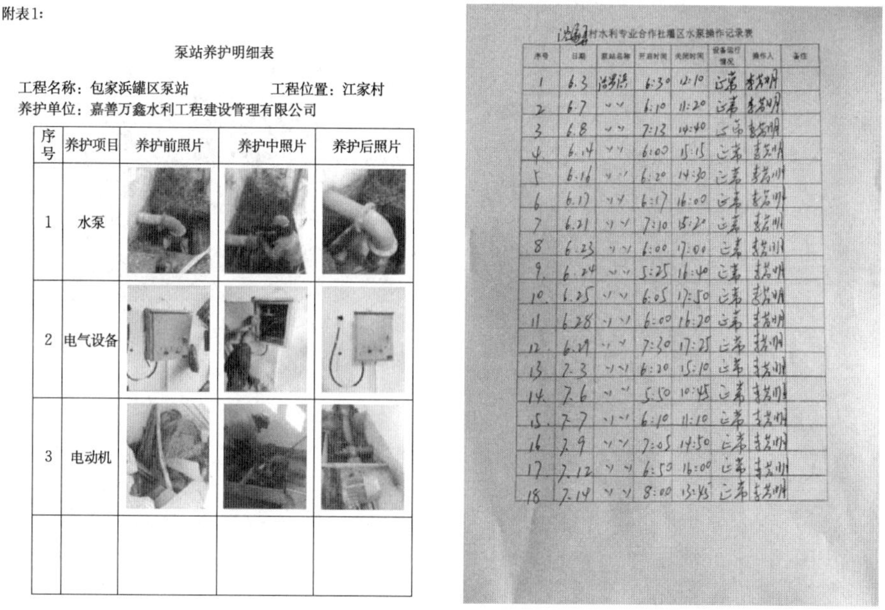

附表1：

泵站养护明细表

工程名称：包家浜罐区泵站　　　　工程位置：江家村
养护单位：嘉善万鑫水利工程建设管理有限公司

序号	养护项目	养护前照片	养护中照片	养护后照片
1	水泵			
2	电气设备			
3	电动机			

（a）明细表

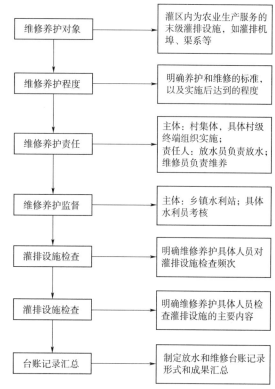

（b）记录表

图 3.33 泵站放水养护台账记录示例

（4）监督检查制度。探索制定监督检查制度，明确监督管理的主体为县、乡镇、村等，提出农业水价改革监督办法，规定各社区（村）向农户公示维养内容、养护资金、上级维养资金补贴支出明细等内容。增加资金的透明度，接受广大用水户监督。监督检查制度框架如图 3.35 所示。

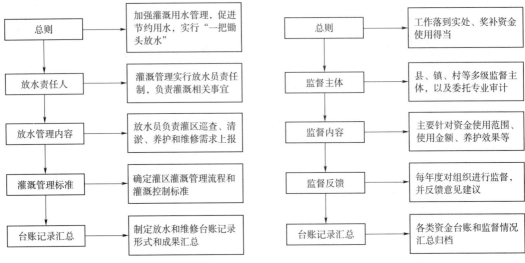

图 3.34　灌区放水管理制度框架图　　　　图 3.35　监督检查制度框架图

（5）其他制度。除上述管理制度外，针对浙江省平原地区以机埠灌溉为主的实际情况，还制定机埠操作规程、机埠清洁卫生制度、机埠灌溉制度等各类制度办法，并将机埠内容上墙明示，如图 3.36～图 3.37 所示。

图 3.36　灌区水价改革制度上墙示例照片　　　图 3.37　机埠各类操作制度上墙示例照片

3.4.2　农业水权分配

3.4.2.1　农业初始水权

在 2.4 节水权与水权管理章节，介绍了我国水权界定及初始分配主要采用基于区域水权民主协商基础上的行政主导配置机制，中央政府及其水行政主管部门根据水法赋予的权利，将自然水资源权界定为公有水权，并依据一定的原则和模式（模型）将用水总量分配至各省级行政区。

浙江省人民政府及其水行政主管部门按照公平、公正、可操作的原则，在与水利部分解方法相衔接的基础上，综合考虑社会经济发展现状和预测、自然水资源条件和时空变化、水资源管理水平和改革等多方面因素，立足现状，考虑发展，将用水总量指标分解到各设区市，并且在分解总量的同时，进一步细化明确其中的工业和生活用水总量控制指标。

各设区市再将相应的指标分解到县（市、区），完成覆盖省、市、县（市、区）的水权初始分配。此时，县级行政区用水总量、工业和生活用水总量已经明确。以 2015 年为例，水利部分解至浙江的用水总量为 229 亿 m^3，考虑用水总量适当预留，浙江省各设区市 2015 年用水总量分解结果见表 3.3。

表 3.3　　　　　　　　　　　浙江省各设区市 2015 年用水总量分解结果

设区市	用水总量控制指标			
	用水总量/亿 m^3			其中生活和工业用水量 /亿 m^3
	地表水	地下水	总量	
杭州市	41.45	0.37	41.82	27.14
宁波市	23.43	0.07	23.50	13.93
温州市	23.37	0.29	23.66	15.01
嘉兴市	21.23	0.11	21.34	8.39
湖州市	18.92	0.08	19.00	6.35
绍兴市	21.92	0.23	22.15	12.99
金华市	18.98	1.15	20.13	10.54
衢州市	15.25	0.13	15.38	8.04
舟山市	1.71	0	1.71	1.36
台州市	19.37	0.71	20.08	10.35
丽水市	9.47	0.06	9.53	4.17
全省	215.10	3.20	218.30	118.27

根据上述分解结果，考虑一定的生态预留水量之后，各县级行政区可计算获得可供农业用水总量，至此农业用水初始水权得以确定：

$$W_农 = W_总 - W_工 - W_生活 - W_生态 \tag{3.23}$$

式中：$W_农$ 为可供农业的用水总量，万 m^3；$W_总$ 为下达的全县用水总量指标，万 m^3；$W_工$ 为下达的全县工业用水总量指标，万 m^3；$W_生活$ 为下达的全县生活用水总量指标，万 m^3；$W_生态$ 为估算的全县生态用水量，万 m^3。

3.4.2.2　农业水权分配

在 2.4 节水权与水权管理体系章节，介绍了实践中应用较多水权初始分配模式。结合浙江农业水价综合改革的实践，选择采用面积分配模式对农业初始水权进行分配，该模式尊重了自然现状，操作比较简单，比较适合农业用水的分配。

为进一步提高农业初始水权分配的准确性和可行性，补充了两项分配原则：①面积指标采用有效灌溉面积，既考虑了现有灌溉能力，又兼顾了潜在的灌溉需求；②通过详查将有效灌溉面积区分为水稻和旱作物，既考虑了不同作物用水需求，也便于实践操作。下面以县级为单位,介绍分配过程如下。

(1)详查确定面积指标。以行政村为单位,详查农业灌溉现状,确定各行政村的有效灌溉面积;调查作物种植现状,明确其中的水稻面积。

(2)以供定需进行水量分配。以不大于行政村的单元,依据有效灌溉面积,采用所属灌溉区域的水稻和旱作物两项灌溉用水控制定额,通过面积加权法计算行政村农业用水量需求值;将各行政村农业用水需求值求和,即可获得全县农业需水总量;将全县农业需水总量与全县可供农业用水总量进行平衡,按照以供定需的原则,反馈修正灌溉用水控制定额;依据修正后的灌溉用水控制定额,再次计算获得各行政村的最终农业用水量,至此县级农业用水初始水权分配结束。县级农业水权分配流程如图 3.38 所示。

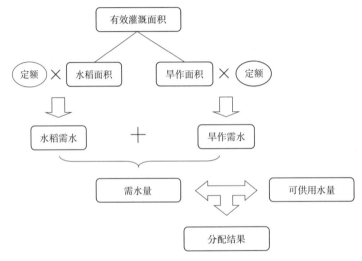

图 3.38　县级农业水权分配流程图

以此类推,可将县域农业用水总量控制指标分解落实到乡镇和行政村(示例见图3.39),落实到农业灌溉泵站,一些地方还分解落实到农民专业合作社、家庭农场等新型主体,为实施农业用水总量控制定额管理、农业节水奖励提供基础依据。

3.4.3　农业用水定额管理

农业用水定额管理是农业水价综合改革中建立农业节水机制、实现农业节水目标的重要手段,也是终端用水管理的重要内容。《浙江省农业水价综合改革总体实施方案》(浙政办发〔2017〕118 号)明确提出:强化用水定额管理,参照农业用水定额浙江省标准 DB 33/T 769—2016,合理制定分类用水定额,保障粮食生产足额用水,满足经济作物和养殖业合理用水需求,控制高耗水、高污染农业用水。

参考国内外实施用水定额管理的具体作法及启示,主要考虑从技术和制度两个方面措施入手,实施灌区农业用水定额管理。

(1)技术措施:目的是保证受定额约束的灌溉水量"适时、适量"进入田间。其中关键因素是灌溉水量受定额约束和灌溉水量"适时、适量"进入田间。

1)灌溉水量受定额约束,涉及灌溉控制定额如何选取与确定的技术问题,要确保该控制定额具有一定的先进性和可操作性,能促进灌区节约用水,该定额下的用水量又不能

开化县苏庄镇人民政府

苏政〔2019〕60号

关于下达农业水价综合改革计划任务及
用水总量分解的通知

各行政村：

根据县水利局、县财政局《关于印发开化县农业水价综合改革精准补贴和节水奖励办法（试行）的通知》（开水利〔2018〕187号）文件和县水利局《关于下达开化县2019年农业水价综合改革计划任务及用水总量分解的通知》（开水利〔2019〕96号）等文件要求，为确保2019年项目实施任务的完成，经研究，现将苏庄镇2019年农业水价综合改革计划任务及用水总量分配下达给各行政村（见附表）。请各行政村按照计划要求，安排好各项改革建设任务，加快推进工程建设，切实加强项目建设管理，保质保量完成目标任务。

附件：苏庄镇2019年农业水价综合改革计划任务及用水总量分解表

第397页

图3.39 农业水权分配至乡镇

突破区域水量分配给予灌区的用水总量。

2）灌溉水量"适时、适量"进入田间，核心是适时与适量，为做到适时与适量，一方面必须有灌溉用水计划作为指导，另一方面还应有计量控制与监测措施，对灌区用水过程进行监测与控制，根据监测结果实时调整用水计划。

（2）制度措施：目的是提高灌区各方的节水内在动力，建立长效机制，确保定额管理模式持续发挥作用。

如何调动灌区各方节水内在动力，重点是节水激励机制。本节重点对定额管理的技术措施进行详细分析，制度措施在第3.6节进行相关介绍。

3.4.3.1 确定控制定额

1. 控制定额选取原则

选取合理可行的灌溉控制定额是灌区实施农业用水定额管理的基础。因此首先要选取合适的灌溉控制定额，此定额既不是田间的净灌溉定额，也不是现状渠首的毛灌溉定额。该定额的作用：①用于制订灌区用水计划。根据灌区实际，以该定额为依据，编制灌区年度灌溉用水及配水计划，指导灌区农业灌溉。②用于指导灌区用水过程的计量监测，在用水过程中尽量按定额约束要求进行控制。③开展节水激励考核。根据灌区实际，以该定额作为衡量灌区用水效率、管理水平的基准值，并结合节水激励机制，对灌区管理人员与农户进行奖惩。因此，该定额的合理性对灌区实施农业用水定额的意义重大。

综合分析，选取时应遵循如下原则。

（1）先进合理。既要考虑传统用水习惯，又要考虑灌区推广农业节水新技术等因素。与传统用水管理方式和效率相比，选取的灌溉控制定额应体现出一定的先进性，用水水平总体要高于现有水平。以该定额分析计算的灌区用水总量，不能突破区域水量分配给予灌区农业用水控制总量。

（2）操作灵活。选取的灌溉控制定额应具有操作性，能适应灌区实际管理需要。由于农业灌溉用水定额与水文年型关系密切，不同水文年型的定额值是不同的，理论上应选取多个控制定额，但这样会给操作运行带来诸多不便。因此，从操作性角度，可选取多年平均灌溉用水定额作为控制定额。对平原提水灌区，将灌溉水量换算成泵站用电量作为控制定额更加直观、易于操作。

（3）动态调整。随着灌区用水管理水平的提高，灌溉控制定额需要动态调整，使之更加符合灌区实际。

2. 控制定额的确定方法

（1）参照省定额标准进行确定。根据灌区农业种植结构，通过种植面积加权平均得到田间综合净灌溉定额，考虑从定额控制点（一般自流灌区为渠首、提水灌区为机埠出水口）到灌区田间的水利用效率及灌溉用水管理水平等因素，可得到计量点的灌溉控制定额：

$$M_{控} = \frac{M_{净综}}{\eta * K} \tag{3.24}$$

式中：$M_{控}$ 为灌区的灌溉控制定额，$\text{m}^3/$亩；$M_{净综}$ 为参照省定额标准（不同水文年型）与种植面积加权计算田间综合毛灌溉定额，$\text{m}^3/$亩；η 为计量控制点到田间的水利用系数，如果控制点在灌区渠首，则为渠系水利用系数；K 为灌区用水管理水平的调节系数，根据经验取值为 $0.8 \sim 1.2$。

该方法的关键是要合理确定计量控制点到田间的水利用系数 η 值和灌区管理水平的调节系数 K 值：①对于 η 值，若该灌区为农田灌溉水有效利用系数测算的样点灌区，可采用上年度的实测值推算；若为非样点灌区，缺乏系数方面的实测资料，可参照规范方法进行理论推算，然后参考附近类似有实测资料的灌区进行综合确定。②对于 K 值，考虑到省定额标准一般以灌溉分区为单元制定，但到灌区尺度，由于用水管理水平的差异性很大，会出现有的灌区净灌溉定额水平比省定额标准偏高，有的偏低，因此设计了灌区用水管理水平的调节系数，由各地根据灌区实际调节，一般取值为 $0.8 \sim 1.2$。

（2）参照灌区近年亩均实际灌溉用水量进行确定。若灌区的实灌面积、农业种植结构等比较稳定，特别是用水大户——水稻的实灌面积相对稳定，灌区毛灌溉水量有实测系列资料，则可利用近年（$3 \sim 5$ 年）的灌区实测亩均毛灌溉定额资料，在对其合理性分析的基础上，按下浮 $10\% \sim 15\%$ 水平综合确定采用的灌溉控制定额：

$$M_{控} = M_{毛均}\, k \tag{3.25}$$

式中：$M_{毛均}$为近 3～5 年的灌区实测多年平均亩均毛灌溉定额，m^3/亩；k 为调节系数，根据经验一般取值 0.85～0.90。

该方法综合考虑了灌区用水管理水平的差异性，概念清晰，可操作性强，但需灌区有一定系列的量水资料。对于自流灌区，若渠首有安装计量设施，可统计近几年的毛灌溉水量和实灌面积，获得 $M_{毛均}$；对于提水灌区，若缺乏计量设施，可通过"以电折水"进行换算获得。

3. 控制定额的修正

采用省定额标准确定的灌溉控制定额存在水文年型的影响，对于作物灌溉来说，省定额标准包含了 50%、75%、90%保证率的定额值。按照不同水文年制定的灌溉控制定额，但实际在运行中降雨频率是随机的，只有当灌溉期结束后才能分析出当年的降雨频率（或水文年型），因此，需要根据当年实际降雨分布情况对用水定额进行修正，使得灌溉定额更加符合实际。修正方法主要有两类。

（1）基于地方标准的修正方法。根据当年实际降雨情况分析降雨频率（水文年型），选择典型作物（如水稻）利用省定额标准进行内插（外延），获得该降雨频率（水文年型）的定额值。

（2）基于水量平衡的修正方法。根据区域多年平均及当年实际降雨分布资料，结合典型作物的需水量、灌溉控制标准等参数，利用农田水量平衡原理计算分析两种工况的理论灌溉定额，利用理论灌溉定额的相对关系对用水定额进行修正，获得当年实际降雨年型的灌溉用水定额。

3.4.3.2 制订用水计划

1. 制订方法及步骤

灌溉用水计划的是灌区用水管理的中心环节和实施农业用水定额管理的重要步骤，是提高灌溉用水管理水平，充分发挥农田水利工程效益的重要措施。用水计划制定包括灌区情况调查、灌区作物需水特性分析、田间灌溉制度确定、灌区用水计划制定、灌区用水计划调整等环节，其制定步骤如图 3.40 所示。

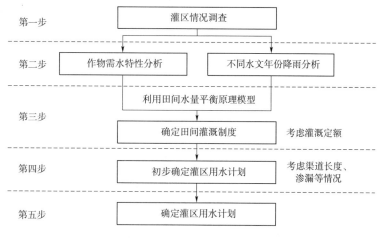

图 3.40　用水计划制订步骤

（1）灌区情况调查。对灌区历年的灌溉情况进行调查，收集田间灌水次数、灌水时间、灌溉水层等信息；调查灌区渠道长度、渗漏及灌区主要的灌溉作物。

（2）作物需水特性分析。利用当地试验站多年的灌溉试验成果，分析灌区主要耗水作物的需水特性（如需水量、需水规律）。对于水稻灌区，应重点分析水稻的需水特性。南方水稻灌区主要种植双季水稻（早稻、晚稻）和单季稻。双季水稻生育期一般为 5—10月，早稻 4 月底泡田，5 月上旬移栽，一直至 7 月中、上旬收割；之后泡田，移栽晚稻，一直至 10 月底收割。单季稻生育期一般为 7—10 月。水稻生育阶段可划分为：返青期、分蘖期、拔节孕穗期、抽穗开花期、乳熟期、黄熟期。

1）水稻需水特性资料：主要通过灌溉试验获得，尽量采用各地经过整编后的灌溉试验资料成果。于无灌溉试验资料地区，可考虑采用间接法计算获得：

$$ET_C = ET_0 K_C \tag{3.26}$$

式中：ET_C 为实际作物蒸发蒸腾量，mm；ET_0 为参考作物蒸发蒸腾量，mm；K_C 为水稻的作物系数。

ET_0 计算采用联合国粮农组织（FAO）推荐的 Penman - Monteith 方法；K_C 可参照类似地区的实测成果，或参考 FAO 在《参考作物需水量计算指南》提供的非标准气象和土壤条件下对作物系数的修订方法分析获得。

2）水稻田间水层控制：南方灌区的水稻灌溉模式很多，除常规淹灌模式，还有浙江等地的薄露灌溉、广西的"薄、浅、湿、晒"灌溉、江苏等地的控制灌溉、湖北等地的间歇灌溉等模式。常见的淹灌和薄露灌田间水层控制标准如下。

a. 淹灌模式，返青期田间水层控制在 20～30mm；分蘖前期 20～50mm，分蘖后期要求控制分蘖，短暂晒干露田；拔节孕穗期适宜水层 30～60mm，抽穗开花与乳熟期保持水层 10～50mm，黄熟期自然排干。

b. 薄露灌模式：除返青期遇低温或高温灌深水外，每次灌水深 20mm 左右。各生育阶段的控制水层以适合水稻生长为宜，一般返青期为防止高温烫伤稻苗，田间水层控制在30～40mm；分蘖前期以水深 20mm 为好；分蘖后期要求控制分蘖，晒田 7～10d，田间土壤开丝裂；其他生育阶段田间控制水层在 20mm 左右。

（3）确定田间灌溉制度。根据作物日耗水量、灌溉控制水层、典型年的逐日降雨情况，利用田间水平衡原理，模拟计算田间灌水情况（灌水日期、灌水定额、灌水次数），形成田间灌溉制度。

1）水稻田间水量平衡公式：

$$h_2 = h_1 + p + m - W_C - d \tag{3.27}$$

式中：h_1 为时段初田面水层深度，即控制水层上限，mm；h_2 为时段末田面水层深度，即控制水层下限，mm；p 为时段内降雨量，mm；m 为时段内灌水量，即田间净灌溉水量，mm；W_C 为时段内田间耗水量，包括水稻蒸发蒸腾量（ET_C）和渗漏量，mm；d 为时段内排水量，mm。

2）旱作物土壤含水量平衡公式：

$$W_t = W_0 + W_T + P_0 + K + M - E \tag{3.28}$$

式中：W_0 为时段 t 初土壤计划湿润层内的含水量，mm；W_t 为时段 t 末土壤计划湿润层内的含水量，mm；W_T 为时段 t 内由于计划湿润层深度增加而增加的水量，mm；P_0 为时段 t 内有效降雨量，mm；K 为时段 t 内地下水补给量，mm；M 为时段 t 内灌水量，mm；E 为时段 t 内作物需水量，mm。

（4）初步确定灌区用水计划。根据灌区渠系分布、长度、流速，考虑轮灌等因素，分析确定从定额控制点到田间的输水时间；分析灌区的灌溉水有效利用系数，推算定额控制点每次的毛灌水定额，形成灌区初步用水计划。对于平原灌区，通常渠道底部低于田间放水口，还需考虑一部分渠道槽蓄量及相应的放水时间；对于自流灌区，若为支渠或以下区域，其放水计划还需与骨干渠道运行计划相协调。

（5）确定灌区用水计划。根据上述方法和步骤形成的灌区初步用水计划，还须征求灌区用水调度管理人员的意见；借鉴灌区已有的灌溉调度经验，对初步用水计划进行修正，形成灌区最终用水计划。

2. 调整的方法

由于水文气象因素具有随机性和不确定性，需根据水文气象变化、田间水分状况及作物长势等制订用水计划调整方案，主要以"看天、看地、看作物"的灌溉原则，根据后续几天的降雨预报和田间水分状况来调整用水计划，并以田间水层（水稻）和土壤墒情（旱作物）来进行灌溉控制。调整方法如下。

（1）控制毛灌水定额、调整灌水次数。由于水文气象条件的不确定性，实际灌区运行时，灌水次数存在着变数，从而影响用水计划中毛灌溉水量和总放水时间，上述参数在实际操作中需动态调整。但是，由于毛灌水定额与灌水技术密切相关，实际操作时变化较小，可利用毛灌水定额、并结合田间水分状况作为定额控制的主要依据。

（2）根据气象预报调整灌水日期和灌水定额。根据天气预报，若预报 3 天之内有中雨或大雨、暴雨，此时田间水分状况虽到达控制下限，但应推迟灌水计划的执行；若 3 天之内预报有小雨，田间水分状况到达控制下限，如期灌水，但灌水定额可根据田间土壤、作物长势等实际情况减少 20% 以内。

3.4.3.3　实施计量控制

计量控制是灌区用水"总量控制、定额管理"的基础性工作，是实现农业用水定额管理的核心措施。"计量"是指通过安装量水设施对农业灌溉用水进行量测，只有计量，才知水量是否在"定额"控制之内，是否超出控制总量。"控制"是指控制用水，即实际灌溉操作中要利用计量设施，根据田间水层、作物生长情况、天气等情况对水量进行控制，并辅以其他手段，实现对配水过程进行监测，使之符合"定额"灌溉要求。

实现计量控制的关键点有两个：①选择适宜的量水技术，建设计量设施，满足农业水价改革的要求，有关计量方法与布局详见 3.3.2 节；②灌溉水量控制。灌溉水量主要通过控制灌水次数与灌水定额来实现。由于每次灌水均会存在水量的无效浪费，控制了灌水次数就意味着减少了水量损失。控制灌水定额，意味着在保证作物正常生长前提下，每次放水，及时关水，不要出现无效的弃水现象。灌水次数和灌水定额的控制，主要通过灌区管理人员按照"看天、看地、看作物"原则，在用水计划指导下，根据天气情况，及时调整灌水日期、水量。要求尽量做到统一灌溉，尽量地多巡视田间，做到及时放水、关水。

3.4.3.4　灌溉供水监测

灌溉供水监测主要包括供水过程的监测和供水效果的监测，是农业用水定额管理重要的一环，是确保灌溉用水计划落地的关键，也是后期农业水价综合改革节水奖励的直接依据。灌溉供水监测即在用水定额确定和满足农业生产的前提下，通过人工或信息化等监测手段，及时地掌握灌区各区域用水情况，对用水实现有效控制，尽量避免因配水不当而产生弃水现象。通过监测，一方面，评估供水过程是否按照用水计划来执行，为用水计划的调整提供科学依据；另一方面，可及时对定额管理实施的效果进行评价，为后续改进措施提供基础依据。

1.灌溉供水过程监测

灌溉供水过程监测，主要目的是及时掌握灌区各区域用水情况，对用水过程实施有效控制，评估供水过程是否按照用水计划来执行，尽量避免因配水不当而产生弃水现象，为用水计划的调整提供科学依据。

南方灌区农业灌溉用水时期集中，一般在5—10月。很多时候，由于灌区上下游耗水作物同为水稻，灌溉时间同步，往往上游需要灌溉或者灌溉水量要求较大时，下游也会有同样的需求，这容易导致上下游的灌溉矛盾。因此，灌溉供水过程要兼顾上下游利益，根据上下游作物种植情况、灌溉面积分配水量，既保证下游有水灌，又要满足上游的灌溉，尽量避免上游群众有意见。因此，需要灌区管理人员（放水员）把工作做细，做好当地群众的工作，对上游的灌溉做到及时、足量，又要实现定额控制，注意节水。

南方灌区一条支渠或泵站控制的农田，分属多家农户。用水户的农田，种植作物不尽相同，而且同一种作物种植时间也不尽一致，这导致每个农户需水时间、需水量不一致性。因此，同一条支渠或泵站，也存在着用水户之间的灌溉协调问题。根据调查，一条支渠或泵站控制的范围，一般属于同一个村或小组，该特点便于用水户之间的灌溉协调。协调方法，可由专职放水员统一负责农田灌溉。灌溉时，加强用水管理，尽量做到供水及时、足量，不弃水、漏水。并根据作物生长情况，尽量做到统一供水。

2.灌溉供水效果监测

（1）灌溉用水效率。实施农业水价综合改革过程中，制定并落实节水灌溉管理制度，加强农业灌溉用水管理，推广各类高效节水灌溉技术，培养农民群众节水意识。同时通过用水计量监测，有效提高水资源利用效率。灌溉用水效率提升是农业水价综合改革实施效果最直接的表现，开展相关分析极为重要。

1）灌溉水有效利用系数。灌溉水有效利用系数反映灌溉水从水源经过输配水系统输送到田间，并储存在作物根系层被作物消耗利用的程度。目前我国多采用首尾法开展灌溉水有效利用系数测算分析，其中"首"即渠首的引水总量，亦称毛灌溉用水总量；"尾"即流入农田内被作物吸收利用的水量，亦称净灌溉用水总量。灌溉水有效利用系数即为某时段灌区田间净灌溉用水总量与从灌溉系统取用的毛灌溉用水总量的比值。计算公式如下：

$$\eta = \frac{W_j}{W_a} \tag{3.29}$$

式中：η为灌区灌溉水有效利用系数；W_j为灌区净灌溉用水总量，m^3；W_a为灌区毛灌溉用水总量，m^3。

2）作物产量水分利用效率。分析时可采用作物产量水分利用效率，该指标的高低直接反映水资源的经济效益，是表示灌溉水利用效益最直观的方法之一。作物产量水分利用效率定义为单位耗水量的作物产量，表达公式为

$$WUE_y = \frac{Y}{WU} \tag{3.30}$$

式中：Y 为作物经济产量，kg；WU 为作物用水量，m^3。

（2）节水减排效果。化肥、农药是我国南方灌区主要农业面源污染源之一。在降雨或灌溉过程中，过量及不合理施用的化肥、农药借助农田地表径流、农田排水或地下渗漏等途径进入水体，造成水体污染。农业水价综合改革过程中，通过发展节水灌溉工程，实施农业用水定额管理，建立农业节水奖励机制等，实现科学灌溉与水肥高效利用。

1）灌溉水量监测。通过监测结果，分析农业水价综合改革前后的灌溉节水量，参照同类型灌溉水中 COD、TP、TN 等水体污染物浓度，计算减排效果。

2）灌溉水质监测。通过监测结果，参照同类型排水中的 COD、TP、TN 等水体污染物浓度，分析排水中污染物减少浓度，计算减排效果。

3.4.4　农田水利工程管护

加强农田水利运行管护、建立良性的农田水利运管机制是农业水价综合改革的主要目标之一。《国务院办公厅关于推进农业水价综合改革的意见》（国办发〔2016〕2 号）件指出"推进小型水利工程管理体制改革，明晰农田水利设施产权，颁发产权证书，将使用权、管理权移交给农民用水合作组织、农村集体经济组织、受益农户及新型农业经营主体，明确管护责任"。《浙江省农业水价综合改革总体实施方案》（浙政办发〔2017〕118 号）提出"加强农田水利工程运行管理，积极推行农田水利工程标准化管理，加快推进小型农田水利产权制度改革"。因此，对农田水利工程进行确权，明确管护责任，落实管护职责，对保障农田水利长效良性运行极为重要。

3.4.4.1　农田水利工程确权

1. 骨干工程确权

水利部门把农业节水作为重要任务，重点实施大中型灌区续建配套与节水改造，为地区保障粮食安全奠定了坚实基础。水利工程的确权划界是一项综合社会、管理、历史为一体的复杂工作，涉及面广、工作量大，单靠水利部门难以完成，需要各部门相互协调。实施过程中，参照地方水利工程安全管理条例、大中型灌区标准化管理规程等相关法律法规和技术标准，对灌区骨干工程进行确权划界。确权工作程序如下。

（1）加强宣传。依据有关划界确权的法律、法规文件，结合地区水利工程特点编制宣传材料，同时利用各类媒体形式进行广泛宣传发动，使广大群众明确水利工程划界确权的意义及政策。

（2）依法划界。统一指挥协调各部门关系，及时解决确权划界中遇到的重大难题。以关法律法规、技术标准为依据，依法划定灌区水利工程管理与保护范围，明确管理权限。

（3）确权申报。依法划界完成，灌区统一编制骨干工程划界确权方案，方案需做到水利工程管理和保护范围明确、权属清晰、责任主体落实。经主管单位审查后，上报地方人民政府审批。

（4）设立界碑。划界限权方案经政府审批后，赋权单位组织对骨干工程渠首和重要节

图 3.41　湖州安吉老石坎灌区
骨干工程确权界碑

点工程及干渠沿线设立界碑界桩，明确责任。

湖州安吉老石坎灌区骨干工程确权界碑如图 3.41 所示。

2. 田间工程确权

权属关系有争议纠纷的农田水利设施，村与组、村与村之间的争议纠纷由乡镇负责协调处理；乡镇之间的争议纠纷由县级主管部门负责协调处理。权属争议未解决的农田水利设施暂缓确权颁证。

县级及以上财政资金参与建设的工程项目确权，按建设资金投资比例划分股权，财政资金转化股权归工程所在地乡镇或社区（村）委会，并依法享有该工程的资产收益权。工程产权归属确权单位，该工程做任何变更时需征询各股权持有者的意见。

田间工程以社区（村）为单位，按照工程所在地"打包"确权给相应的社区（村）委会或村组集体，跨行政区域的按属地或受益面积分摊确权。由农户（包括联户）、家庭农场、农村合作社等合作组织或个人出资建设的工程，综合考虑原有资产和投资情况按投资比例分摊确权。山塘（池塘）根据工程所在地、投资等因素，结合历史归属，确权给受益乡镇（部门、村委会、村组集体、个人等），多主体投资的按筹资比例划分股权。跨行政区域的按属地或受益面积分摊确权。不涉及原有资产的，个人全额出资修建的小型水利工程，其产权归出资人所有；社会资本投资兴建的工程，产权归投资者所有，或按投资者意愿确定产权归属；多主体共同出资兴建的小型水利工程，其产权归出资人共同所有，按出资比例划分股权。

田间水利工程通过登记、申请、审批、公示、赋权等程序，进行工程产权确权和移交。具体如下。

（1）登记造册。按照工程类型，以乡镇为单位，逐一登记造册，建立台账。先由乡镇组织对辖区内小型水利工程进行实地踏勘、调查摸底，对工程位置、四周边界、具体特征、受益户、受益田块及面积，逐一登记造册，做到乡镇有工程档案、工程图册，县级能实时查询。跨行政区划的工程根据权属人要求和相关行政区划单位协商意见，按照便于管理的原则进行登记。

（2）确权申请。潜在产权人应主动申请相应工程的产权，填写申请表，并附上所申请小型水利工程的基本资料和申请者相关证明材料。逐级申报，其中村委、乡镇对申报材料的真实性负责，主要负责人签字并加盖公章。

（3）确权审批。小型水利工程确权采用所在村委、乡镇复核，县级水行政主管部门审批。所在村委、乡镇复核前均应就相关情况进行在工程所在乡镇、村委公示，公示期为7d，并将公示材料和结果作为审批附件。

（4）产权公示。县级水行政主管部门在确权审批前，应在部门或政府门户网站上进行产权公示。公示内容包括工程基本信息、用途、产权所得者、公示期限和联系方式等。

（5）产权赋权。公示期内，各方对确权无异议，颁发给工程所有者《小型水利工程产权证》，产权证由地方政府统一印制，政府用印后由水利局统一颁发。

田间工程确权颁证流程图（湖州南浔区）见图 3.42，田间工程确权颁证（湖州南浔区）见图 3.43。

凡拥有小型水利设施产权者，依法享有工程的占有、使用、收益、处置的权利，在使用年限内允许继承和转让。有多个股权所有人的工程在做任何变更时需征得各持股者的同意。

赋权后的小型水利工程设施产权所有者必须对设施的安全和管护负责，所需资金自行筹集，由于管理不善，产生安全事故或设施破坏的，由产权所有者承担相应责任。小型水利工程设施产权所有者必须自觉遵守国家有关法律、法规和政策，严格按规定条款履行义务，不得擅自变更水利工程的用途和服务对象，不得进行掠夺性开发，不得破坏水土资源和生态环境，禁止修建一切违章

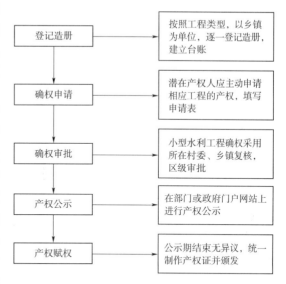

图 3.42　田间工程确权颁证流程图（湖州南浔区）

建筑物，违反相关规定而擅自改变工程用途和服务范围的，所在乡镇有权责令限期改正，拒不服从的，由相关部门根据法律法规进行处理，由此造成的损失，由违反方负责赔偿。所有者的合法权益受国家法律保护，但需服从本地区社会经济发展的大局，必须服从政府的防汛抗旱调度，以及乡镇和当地行政主管部门的统一管理。赋权后的山塘或其他涉及公共安全问题的工程，产权者需改建、扩建或除险加固，必须经乡镇及县级水行政主管部门审批同意后方可实施。经有关部门认定或第三方检测为病险山塘或其他涉及公共安全问题的工程，产权者必须实施除险加固工程，消除安全隐患，所需资金自行筹集。

（a）颁证现场

（b）产权证

图 3.43　田间工程确权颁证（湖州南浔区）

3.4.4.2　落实管护责任主体

1. 工程产权者

农田水利工程产权者为工程的直接受益者，也是工程管护责任者，按"谁所有谁管护"的原则，所有人即为管护主体。对所有人与使用人不一致的，由所有人负责明确告知使用人的管护责任，并加强监督检查，保证工程管护到位。涉及公共安全的，必须明确安全责任主体，落实安全责任。并加强监管和技术指导，督促管护主体切实履行管理责任。

2. 工程经营权者

农田水利工程在实际运行过程中，往往将工程的所有权与经营权进行剥离，通过拍卖、承包、租赁、股份合作、协会管理等方式，把工程的经营权转交给经营者。工程经营权者对工程进行维修、养护，为了提高经营的收益，部分经营者会在利益的驱动下主动对工程进行投资建设。随着经营权的转移，水利工程的管护责任也转移到了经营者身上，水利工程的管理和日常维护不再由产权所有者负责，节省了产权者的维护资金和大量的精力，经营者利用工程开展其他经营活动，从中获得收益，工程受益者通过经营者对水利工程进行专门的管护，获得了优质、高效的水利服务，产权者、经营者、受益者各取所需，形成三方共赢的格局。

3.4.4.3　完善工程运管制度

1. 建立运行管理机制

（1）工程分类管理机制。建立健全农田水利工程市场化、专业化的运行维修养护管理机制。农田水利工程实施分类管理，根据政策文件，面广量大的农田水利工程明确乡镇、村级为责任主体，确定管理单位，可由专业公司或物业化单位负责农田水利设施的管理维护。积极培育扶持农民用水合作组织建设，深入探索和实践专业化、物业化、科学的管护模式，切实提高管护实效。

（2）财政资金购买公共服务。公益性农田水利工程实施"管养分离"，积极探索财政资金购买公共服务的做法，鼓励企业、社会组织和个人竞争参与公益性农田水利工程管护。对有条件的地区，有选择地进行打包管护招标，推行财政购买服务，切实解决目前人员老化、积极性不高和遗留问题多等问题，提升灌排服务水平和质量，提高工程管护水平和资金使用效益，加强工程监督管理和考核指导，逐步使工程管护走向市场和社会。

（3）政府绩效考核管护办法。整合农田水利工程管护资源和模式，建立与之相适应的以政府绩效考核为基本依据的农田水利工程管护考核机制，明确考核机构、考核形式、考核内容，落实考核评级与奖惩办法，兑现奖补资金。明确考核机构。成立由政府领导牵头、相关部门领导参加的领导机构，组建检查考核工作组，具体负责各项管护考核工作的开展，保证考核工作全面有序推进。明确考核形式，采取专业性日常巡查和集中抽查相结合的考核办法，保证考核科学高效。

2. 确立工程运管制度

（1）政府管理制度。农田水利工程运行管理需要各级政府参与，自上而下部署工程运行管理工作，自下而上组织实施。以浙江省灌区标准化管理为例。

2016 年，《浙江省人民政府办公厅关于全面推行水利工程标准化管理的意见》（见图 3.44），提出标准化的总体要求，明确管理内容、制定管理标准、落实管理主体、深化管理改革和加强监督管理五大主要任务，同时落实加强组织领导、推进信息化管理和强化经费保障三方面的保障措施。

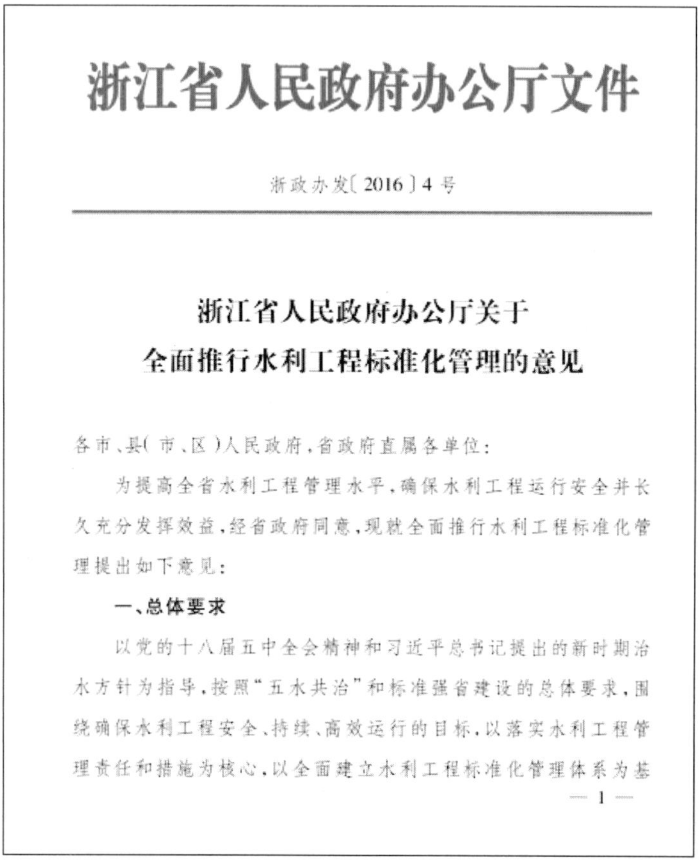

浙江省人民政府办公厅文件

浙政办发〔2016〕4 号

浙江省人民政府办公厅关于
全面推行水利工程标准化管理的意见

各市、县（市、区）人民政府，省政府直属各单位：

为提高全省水利工程管理水平，确保水利工程运行安全并长久充分发挥效益，经省政府同意，现就全面推行水利工程标准化管理提出如下意见：

一、总体要求

以党的十八届五中全会精神和习近平总书记提出的新时期治水方针为指导，按照"五水共治"和标准强省建设的总体要求，围绕确保水利工程安全、持续、高效运行的目标，以落实水利工程管理责任和措施为核心，以全面建立水利工程标准化管理体系为基

— 1 —

图 3.44 《浙江省人民政府办公厅关于全面推行水利工程标准化管理的意见》

省级水行政主管部门按照水利工程类型，制定《浙江省大中型灌区运行管理规程（试行）》（见图 3.45），作为标准化创建和管理的基本依据。各地组织编制水利工程标准化管理实施方案，确定总体思路、基本原则及目标任务，实施对象和内容，实施工程名录，并制定创建计划，测算改革实施经费。

为指导各大中型灌区管理手册的编制工作，保障管理手册的适用性、可操作性，依照《浙江省大中型灌区运行管理规程（试行）》分类创建工程，编制《浙江省大中型灌区管理手册编制指南（试行）》（见图 3.46），供全省灌区参照。

全省大中型灌区按照省级部署，开展标准化创建工作，组织编制组织手册、操作手册、制度手册等专项手册，确保水利工程长期良性运行。绍兴上虞上浦闸灌区标准化管理手册见图 3.47。

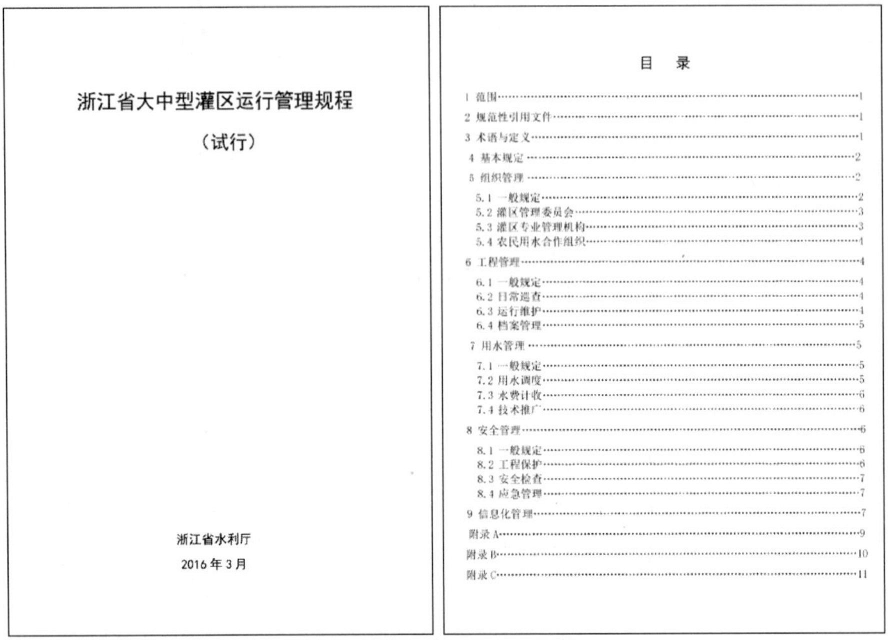

浙江省大中型灌区运行管理规程
（试行）

浙江省水利厅
2016 年 3 月

图 3.45 《浙江省大中型灌区运行管理规程（试行）》

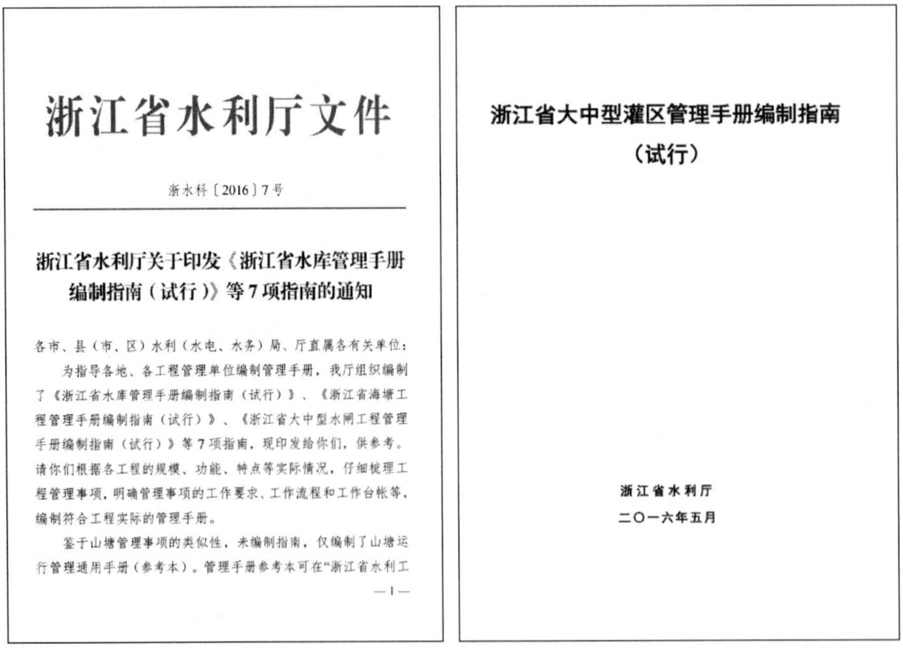

浙江省水利厅文件

浙水科〔2016〕7 号

浙江省水利厅关于印发《浙江省水库管理手册
编制指南（试行）》等 7 项指南的通知

各市、县（市、区）水利（水电、水务）局、厅直属各有关单位：
    为指导各地、各工程管理单位编制管理手册，我厅组织编制
了《浙江省水库管理手册编制指南（试行）》、《浙江省海塘工
程管理手册编制指南（试行）》、《浙江省大中型水闸工程管理
手册编制指南（试行）》等 7 项指南，现印发给你们，供参考。
请你们根据各工程的规模、功能、特点等实际情况，仔细梳理工
程管理事项，明确管理事项的工作要求、工作流程和工作台帐等，
编制符合工程实际的管理手册。
    鉴于山塘管理事项的类似性，未编制指南，仅编制了山塘运
行管理通用手册（参考本）。管理手册参考本可在"浙江省水利工

—1—

浙江省大中型灌区管理手册编制指南
（试行）

浙江省水利厅
二〇一六年五月

图 3.46 《浙江省大中型灌区管理手册编制指南（试行）》

    1）组织手册。灌区组织管理手册主要有灌区基本概况、管理架构、管理任务等内容。
灌区基本概况具体包括灌区基本情况、灌区范围、灌区工程概况和灌区运行管理模式

等。管理架构具体涵盖管理组织机构、单位职责、科室职责、岗位职责、科室岗位、人员信息表等各项内容。管理任务包含按组织管理、运行管理等对管理任务的划分，灌区管理事项的梳理，以及灌区工作事项与岗位关系图梳理。

图 3.47　标准化管理手册（绍兴上虞上浦闸灌区）

2）操作手册。为加强灌区运行管理，落实管理责任、规范管理流程，编制灌区操作手册，主要内容为工程检查、维修养护、工程设备操作、档案信息管理、供水管理、应急管理和信息化管理等操作要求和流程相关工作事项。

工程检查包含日常检查、定期检查、特别检查三类检查的检查频次、检查准备、巡查工作流程图、工作要求和记录要求等内容。维修养护包含日常养护、日常维修、年度维修三类维修养护的工作流程、工作要求和维修计量。工程设备操作涵盖灌区主要节点工程，如闸门、涵洞、渡槽等工程操作流程、工作要求、操作记录等事项。档案信息管理包括档案管理和工程信息管理的相关流程和工程要求。供水管理，针对灌区灌溉管理，制定年度供水计划、供水过程管理等工作流程要求和相关记录。应急管理，梳理灌区应急事项，制订灌区应急预案，保障灌区正常运行。信息化管理包括灌区信息化管理职责分工，相关流程和成果记录。

（2）灌区管理制度。灌区管理一般实行专管机构管理与属地管理相结合的管理模式，灌区管理委员会是灌区的最高权力机构，协调灌区跨区域工作关系。灌区管理机构是灌区工程管理的执行机构，其管理范围是灌区骨干水利工程，负责骨干工程的完善、扩建、维护和运行管理；支渠以下的田间渠系及相应的排灌配套设施交由受益乡镇（村集体、农民用水户协会）管理。

1）骨干工程管理制度。灌区骨干工程的管理分为组织管理制度和运行管理制度。织管理制度主要为灌区专管机构内部管理制度，包括岗位责任制度、教育培训制度、考勤管理制度、人事管理制度、财务管理制度、工作大事记制度、信息化管理制度、安全生产台账、事故处理报告制度等。运行管理制度主要针对灌区运行管理，包括灌区值班制度、工程检查制度、工程维修养护制度、灌溉管理制度、渠道防汛抢险制度、设备操作管理制度等，以及灌区应急预案。

2）田间工程管理制度。田间工程管理制度主要包括末级渠系维修养护制度、放水管理制度、资金管理制度等。末级渠系维修养护制度以明确管理责任和措施办法，发挥工程效益为目标，以村级用水管理小组（或其他农民用水合作组织）为实施主体。该制度应落实末级渠系维修养护责任主体，明确维修养护职责，提出维修养护要求，细化维修养护考核标准。放水管理制度以树立放水员权威，规范放水员职责，加强放水管理力度为总目标，制度应明确放水员职责、放水管理要求、奖励惩罚标准等内容。资金管理制度以农业水价相关资金用在实处、账目清晰为目的，探索制定资金管理制度。制度应明确提出农业水价改革资金专目管理，向农户收取的"灌排费用"用于末级渠系维修养护、放水员工资、灌排电费等用水成本的支付，上级维养资金补贴主要用于末级渠系维修养护等内容。

3.4.4.4　监测工程运管成效

1. 骨干工程运管成效监测

骨干工程运管成效监测以工程主要设施设备能正常运行使用和年度内无安全责任事故为基本项，监测的主要内容为机构人员、管护经费、管理基础、运行管理、工程面貌和信息化管理等内容。

机构人员包含管理机构、人员配备、人员培训等方面，管护经费主要为工程管理经费和维修养护经费来源，管理基础主要有制度手册、操作手册、岗位职责、划界限权、管理设施、档案信息管理等内容，运行管理包含工程检查、维修养护、应急管理、设备操作、供水管理、水费计收、技术推广等，工程面貌包含标识牌、外观形象等，以及管理平台、自动化监测、视频监控等信息化管理内容。

2. 田间工程运管成效监测

开展田间工程运管成效监测是推进农业节水与农田水利"最后一公里"良性运维的重要抓手，建立以政府为主的考核机制，极为重要。

（1）基本原则。坚持政策导向为主、考核为辅。分级、分类考核相结合，评价结果纳入粮食安全责任制考核、乡镇年度综合考核等考核内容。

（2）监测方式。主要为运行管理成效资料审查和现场点考察，地方结合实际出台农田水利监测考核办法，建立考核结果与运行管理机制挂钩的评价办法，内容包括考核对象、考核方式、考核指标、考评结果及考核奖励等。实现县级、乡镇、村分级考核，考核结果与补贴标准直接挂钩。

（3）监测内容。主要为组织机构评价、工作评价和运行管护成效评价等。其中组织机构主要为乡镇工作小组和村级工作小组或用水合作组织建设、工作情况，全年运行管理过程中形成的台账，维修养护费用落实和支出情况，以及区域维养成效和用水情况等内容。

3.5　管理机制创新

本节重点介绍了浙江省农业水价综合改革三类措施之一的管理机制创新措施，主要从农业水价形成机制、农业用水精准补贴机制、农业节水奖励机制、管理考核机制方面，介绍了具体改革措施与作法。

3.5.1 农业水价形成机制

根据《国务院办公厅关于推进农业水价综合改革的意见》（国办发〔2016〕2号）文件精神，此次农业水价综合改革需"以健全农业水价形成机制为核心，分级制定农业水价，探索实行分类水价，逐步推行分档水价"。《浙江省农业水价综合改革总体实施方案》（浙政办发〔2017〕118号）在改革目标中提出"建立科学合理的农业水价形成机制，农业水价总体或逐步达到运行维护成本"。由此可见，建立健全农业水价形成机制，既是此次农业水价综合改革的主要目标任务，也是成败的关键。结合2.1节有关农业水价理论，介绍浙江省农业水价定价机制和农业水价调价机制。

3.5.1.1 农业水价定价机制

1. 定价原则

统筹考虑供水成本、水资源状况、农业用水户承受能力、建立补贴机制等因素，合理确定农业水价。大中型灌区骨干工程农业水价原则上实行政府定价；大中型灌区末级渠系和小型灌区农业水价，可实行政府定价，也可实行协商定价。跨行政区域的灌区农业水价由所跨行政区域的共同上一级政府或其授权的部门协调确定。

农业水价应基本反映或逐步提高到运行维护成本水平。制定和调整农业水价标准，应统筹考虑供水成本、水资源状况、农户承受能力等因素，出台农业水价标准一定要与建立补贴机制相结合，总体不增加农民负担。水资源紧缺、用户承受能力强的地区，农业水价可提高到完全成本水平。同一县域范围内原则上执行统一的农业水价，各地也可结合实际，按区域、地形、灌区等确定农业水价执行标准。

2. 分级水价

农业水价按照价格管理权限实行分级管理。大中型灌区骨干工程农业水价原则上实行政府定价，具备条件的可由供需双方在平等自愿的基础上，按照有利于促进节水、保障工程良性运行和农业生产发展的原则协商定价；大中型灌区末级渠系和小型灌区农业水价，可实行政府定价，也可实行协商定价。跨行政区域的灌区农业水价由所跨行政区域的共同上一级政府或其授权的部门协调确定。

（1）骨干工程成本水价测算。大中型灌区骨干工程运行维护成本主要包括日常维护费、材料及动力费、职工工资、管理费用等，一般不包括固定资产折旧、原水费和税金，其测算思路与步骤如图3.48所示。水资源紧缺地区可增加计提固定资产折旧，按完全成本确定。

1）日常维护费，指骨干渠系清淤、维修养护，泵站设备、机船、流动机、计量设施、固定渠系建筑物（机房、机电井、进出水池、闸、涵、渡槽、倒虹吸等）的拆卸、检修及维修保养等开支。

2）材料及动力费，指在作业过程中直接耗用的电

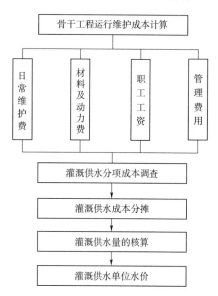

图3.48 大中型灌区骨干工程成本水价测算思路与步骤

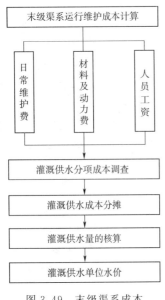

图 3.49　末级渠系成本
水价测算思路与步骤

力、柴油和滑润油、机油、低值易耗品、消耗性材料等费用。

3）职工工资，指参与农业供水的水利工程运行管理人员支出。由农业水利行政主管部门管理的水利工程，人员按在编制范围内实有人数确定（财政负担的部分不列入成本核算）；由农民用水合作组织（含专业合作社）或个人管理的水利工程，职工工资按照保证灌排正常运行需要确定。

4）管理费用，指为组织和服务农业供水发生的日常运行管理费用。

（2）末级渠系成本水价测算。末级渠系运行维护成本主要包括日常维护费、材料及动力费、人员工资等，其测算思路与步骤如图 3.49 所示。

1）日常维护费，指末级渠系清淤、维修养护，泵站设备、机船、流动机、计量设施、固定渠系建筑物的拆卸、检修及维护保养等开支。

2）材料及动力费，指在作业过程中直接耗用的电力、柴油和滑润油、机油、低值易耗品、消耗性材料等费用。

3）人员工资，主要指村集体、农民用水合作组织（含专业合作社）聘用的放水员、维修员所支付的劳务费。

3. 分类水价

统筹考虑用水量、生产效益、农业发展政策等因素，区别粮食作物、经济作物、养殖业等用水类型，探索实行分类水价，合理确定各类用水价格；粮食作物定额内水价应低于其他用水价格，用水量大或附加值高的经济作物和养殖业水价格可高于其他用水类型。

浙江省农作物种植主要以水稻、蔬菜、苗木为主，水稻区以渠道灌溉为主，近些年水稻管道灌溉发展较快，如嘉兴地区管道灌溉比例已达到一半以上，平湖市已实现管道灌溉全覆盖；蔬菜、苗木以渠道灌溉为主，部分家庭农场推行微灌、喷灌等高效节水灌溉方式。

不同用水类型农业成本水价范围见表 3.4，水稻渠道灌溉成本水价范围一般在 20～40 元/亩，水稻管道灌溉在 40～60 元/亩，蔬菜、苗木等经济作物在 30～80 元/亩，养殖业用水成本水价在 40～80 元/亩。

表 3.4　　　　　　　　　　　不同用水类型农业成本水价范围

编号	用水类型	田间灌溉类型	成本水价范围/（元/亩）
1	水稻	渠道	20～40
2		管道	40～60
3	蔬菜		40～80
4	苗木		30～50
5	养殖		40～80

4. 分档水价

实行农业用水定额管理，逐步实行超定额累进加价制度，合理确定阶梯和加价幅度，促进农业节水，对农业用水户超过合理水平实行较高的水价，超额用水量越多水价越高。

根据浙江各地区经济社会发展水平和农民群众承受能力，定额外灌溉用水价格按累进加价幅度一般分为三个阶梯，阶梯幅度设定为超定额 10% 以内（含 10%）、超定额 10%～30%（含 30%）和超定额 30% 以上三个档次，对应阶梯水价为定额内按方水价的 1.0 倍、1.2 倍、1.5 倍。超额幅度与用水量考核直接相关，与精准补贴和节水奖励资金挂钩，如表 3.5。

表 3.5   超定额灌溉用水阶梯水价标准

编号	用 水 量 阶 梯	水 价 阶 梯 标 准
1	定额内	定额内水价
2	超定额 10% 以内（含 10%）	定额内水价×1.0
3	超定额 10%～30%（含 30%）	定额内水价×1.2
4	超定额 30% 以上	定额内水价×1.5

3.5.1.2 农业水价调整机制

（1）调价周期。根据成本变动、节水需求、承受能力等因素适时调整，调整周期一般为 2～3 年。此外，当供水成本变动幅度超过 20% 时，也应启动水价调整程序。

（2）调价幅度。供水价格的调整既要保障农户正常的农业生产，又要考虑承受能力，每次调价幅度一般不超过 20%。调价后，农户水费支出不超过其农业产值的 1%。

（3）调价程序。农业水价调整的程序为：进入调价周期或满足调价条件后，由相关方（如农户、村集体、乡镇、灌区管理单位等）提出调价申请，县级水利、发展改革部门核定后报县级人民政府批复，水价批复后按规定时间在灌区内公示，公示期间灌区群众无异议后即执行调整后的水价。农业水价调整流程图如图 3.50 所示。

3.5.2 农业用水精准补贴机制

3.5.2.1 补贴的原则

精准补贴机制是农业水价综合改革的关键环节，补贴制度与各地种养结构、节水成效、财力状况相匹配，着力解决农业运行维护经费不足的问题，其与农业补贴理论中的公共财政理论、非均衡理论相契合。

1. 侧重种粮补贴

优先补贴种粮农民或粮食作物区。基于非均衡理论，比较利益低下，缺乏竞争力的作物，缺乏对逐利资本的吸引力。以南方主要的粮食作物——水稻为例，由于放水管理复杂，利润较经济作物、养殖业低。尽管各级政府为了稳定粮食产量，政策不断，如种粮单独补贴、承包户需

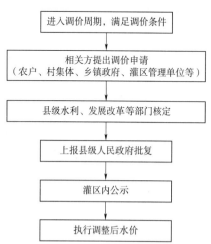

图 3.50 农业水价调整流程图

（流程图内容：进入调价周期，满足调价条件 → 相关方提出调价申请（农户、村集体、乡镇政府、灌区管理单位等）→ 县级水利、发展改革等部门核定 → 上报县级人民政府批复 → 灌区内公示 → 执行调整后水价）

种植两年以上粮食作物等，但农户依旧更倾向于种植收益较高的经济作物。

浙江台州地区有农户种植早稻以获得种粮补贴，早稻收割后立即转种西蓝花"增加利益"的情况。故农业水价综合改革落地，精准补贴原则要适应非均衡理论，明确着重补贴种粮农民或粮食作物区，也从侧面补贴其因放弃种植高回报作物而损失的利益，提高粮食作物种植的竞争力。

2. 用于工程维修养护

精准补贴原则上用于末级渠系工程的维修养护，补贴标准根据定额内运维成本与现状运维成本的差额确定，即定额内基准水价和现状支出水平的差额。基于公共财政理论，为稳定粮食产量，保障种植条件，农田水利基本维养费用，应由政府财政予以补助。

浙江嘉兴地区多采用泵站灌溉，不同工况的泵站，取水效率差距巨大，维养到位的泵站，每度电可提取 $60m^3$ 水，而维护不到位的泵站，每度电仅可提取 $25m^3$ 水；金华地区采用水库水引水灌溉，也发现过渠道年久失修，上游取水至渠系末梢已无水，末梢农田灌溉只能另取水源，甚至挑水灌溉；可见取水工程（泵站等）、渠系工程（渠道、管道）工况，会极大影响灌溉成本，农田水利工程失修失管得不偿失。同时，各级财政农田水利工程的维养资金，由于农村各类基建推进，补助资金落实至村，未必用在农田水利工程维养这个"刀刃上"。故农业水价综合改革的精准补贴原则，需明确各级财政补齐（或逐步补齐）农田水利工程维修养护资金缺口，且补贴资金主要用于农田水利工程维修养护方面。

3. 因地制宜补贴

在完善水价形成机制的基础上建立补贴机制，补贴机制与水资源情况、现有制度、节水成效、财力状况、农户意愿相匹配与衔接。补贴实施过程中根据当地实际，采取"一次确定补贴标准，多途径实现、分步实现足额补贴"等办法。基于多功能性理论，农业价值不仅局限于经济价值，农业产业也不仅限于农田之中，补贴制度更应结合水资源情况、节水成效（生态效益）等。

水价改革期间，发现财力状况方面，平原地区与山丘地区的财力条件不同，县级政府可落实补贴资金标准差距较大；水资源状况方面，水资源紧缺的山丘区农户的节水意识较强，而水资源较多的平原区农户则反之；农户意愿方面，合作社经营或大户管理的农户文化水平较高，相比散户更愿意配合改革；针对各灌区巨大的差异，补贴制度应因地制宜，综合考量。

3.5.2.2　补贴内容及对象

1. 补贴内容

精准补贴内容主要为末级渠系的农田水利工程维修养护。

从水价测算章节可知，农业水价成本的缺口主要集中在末级渠系工程维养上。以浙江为例，灌区骨干工程多由财政转移支付给灌区管理单位（机构），而末级渠系农田水利工程星罗棋布，灌区管理单位鞭长莫及，而农户也无力支撑维护费用，此部分费用多由村自筹资金管理，资金不足的，只能任由其老化破损失修。精准补贴内容，即为末级渠系的农田水利工程维养这个"短板"。浙江部分地区（如金华）也曾发现大中型灌区管理单位改制后自负盈亏，灌区骨干工程维养也需补贴的情况，也纳入了精准补贴内容。

2. 补贴对象

精准补贴对象一般为村集体（用水合作组织）。

末级渠系的农田水利工程基本由属地村集体管理，近年来浙江各地建立了用水合作社、农机合作社、用水户协会、村级管水小组等基层用水合作组织，由其负责区域农田水利工程管理维护和用水管理等工作。在此基础上，可明确灌区终端管理的责任主体为村集体（用水合作组织）。故精准补贴对象为村集体（用水合作组织），做到"谁管理、谁出钱，补贴谁"。

3.5.2.3 补贴来源及金额

1. 补贴来源

由于各地经济基础不同，补贴资金的来源也不同。

平原区部分地区，现状多已制定了农田水利工程维养的补贴制度。有的补贴来源分级，如平湖市明确实施农业水价综合改革的灌区市政府根据考核等次按当年灌溉面积补助，另有乡镇配套补助。有的按补贴来源分类，海宁市在耕地保护激励资金中明确资金用于农田水利设施管护，同时水利建设管护补助资金中明确按不同工程类型进行补贴。山丘区部分地区，农业水价综合改革之前，采取"以建代养"模式，即以申报工程建设资金的形式，等工程老旧废弃后申请资金重建，并未专门安排运行维护补贴资金。资金主要来源于财政，补贴后不足的部分，由乡镇和村自筹，逐渐形成财政"定额补助、逐年到位"的良性循环。

2. 补贴金额

（1）按经济条件落实补贴。总体上，平原区补贴资金较山丘区更为充足，平原区多可达到"足额补助"，如嘉兴平湖市级补助 12～16 元/亩，各乡镇配套补助 5 元/亩；海宁市耕地保护激励资金明确 20 元/亩用于农田水利设施管护，同时水利建设管护补助资金中明确按不同工程类型进行补贴；只要维修养护资金用在"刀刃上"，足够填补末级农田水利工程维养缺口。山丘区仍需"差额补助"，如衢州江山市补贴标准为 10 元/亩，存在不足部分需各级财政自筹，但相较于过去"以建代养"的情况，通过农业水价综合改革，已经实现了末级农田水利工程维养资金从无到有的"零的突破"。

（2）按工程类型设置标准。以嘉兴海宁市为例，按不同工程类型进行补贴，其中低压管道灌区补贴 10 元/亩，明渠灌溉灌区补贴 7 元/亩，这也从侧面激励农村不断升级更新节水灌溉工程设施。

3.5.2.4 补贴程序

1. 补贴程序

农业水价综合改革精准补贴资金发放必须遵循相关规定的程序进行操作。根据因地制宜补贴的原则，一般需开展综合考核，再明确补贴金额并拨付。主要考核内容包括以下两方面。

（1）节水情况。多用于平原区，水源明确可通过安装计量设施或用电量转换的方式进行用水量计量，每年统计灌区用水量，对比定额标准，按照节超水量比例评定各灌区的考核等次。山丘区若开展节水情况考核，多结合各乡镇典型灌区用水量，对比定额标准，综合评定各乡镇的考核等次。

（2）工程情况。即各乡镇向村集体考核农田水利工程维修养护水平，县级水利局根据上报结果进行抽查复核；最后由水利局综合评定各乡镇的考核等次。

考核结束后，由县级水利局联合财政局发文，下发补贴资金。各乡镇参照考核结果，逐级将补贴资金发放到村集体（用水合作组织）。精准补贴资金实行公开公示制度，及时将考核结果、资金补贴标准等向社会公布，接受社会监督。

县级农业水价综合改革精准补贴程序如图 3.51 所示。

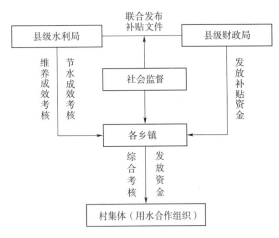

图 3.51　县级农业水价综合改革精准补贴程序

2. 分批补贴程序

在考核基础上，根据是否分批拨付（预发），可分为"预发补贴"及"直接补贴"两种程序。

（1）预发补贴。侧重于先补贴后维修的"先补"模式。在灌溉期结束之前，先拨付补贴基准资金的一定比例（如 50%～80%）用于农田水利工程维养工作；灌溉期结束之后，根据综合考核结果，按考核等级继续拨付剩余资金。该模式优点在于如"及时雨"一般，根据工程维养需要随时有资金保障，减轻农田水利工程维养主体的资金压力；弊端在于难以管控资金的使用过程，可能发生资金拨付后实际未使用到位的情况，约束运管责任主体的"筹码"仅为少部分补贴资金。

（2）直接补贴。侧重于先维修后补贴的"后补"模式，由农田水利工程维养责任主体先垫付资金，开展维修养护工作，灌溉期后根据综合考核情况一次性拨付全部资金。优点在于可鞭策运管责任主体重视全过程的工程维养；弊端为对于财力不足、维养资金短缺的地区，失去了预拨补贴资金"启动金"，可能日常工程维养无法到位并导致综合考核低分的情况。

县级农业用水精准补贴分批补贴程序如图 3.52 所示。

3.5.3　农业节水奖励机制

3.5.3.1　节水奖励的原则

农业水价综合改革中，精准补贴主要用于解决农田水利工程维修养护资金的缺口，针对的是农田水利工程运行管护；而对应农业水价

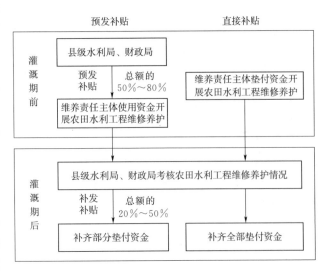

图 3.52　县级农业用水精准补贴分批补贴程序

综合改革"促进农业节水的目标",除运行良好的农田水利工程外,建立有效的农业节水机制至关重要。根据浙江改革经验,要抓住"放水员"这个关键,实现"一把锄头放水"。农业节水机制除了实施农业用水定额管理技术措施,重点是建立节水奖励机制,对采取节水措施的管理人员进行奖励,提高主动节水的积极性。节水奖励的原则如下。

1. "谁节水,奖励谁"

节水奖励对象重点是对农业灌溉节水有直接贡献的放水员,当然,结合区域实际也可扩展到种植大户、基层用水合作组织等。

水价改革期间,嘉兴曾发现不同放水员管理的巨大差异,同样区域的灌片,有的放水员管理失职,早晨开启泵站便不管不顾,直至晚间再去关闭,导致田间"跑马水"严重,灌溉水量被大量浪费;有的放水员对辖区的泵站进行严格管理,按照科学灌溉方式,巡查田间水位到达标准后便及时关闭。两个种植结构与灌溉面积相似的灌片,年终考核发现实际用水量相差近一倍。由此可见,农田水利工程状况对促进节水固然重要,但关键环节还是最终落实灌溉制度的放水员,管理节水的潜力很大。

2. "好操作、易接受"

节水奖励办法要简单可行、便于操作、群众易接受。农业水价综合改革针对农村、农户,应充分考虑基层的理解和接受能力,考核、拨付尽量简化,提高可操作性。

在节水奖励如何落地落实的研究中,也考虑过逐级考核最终至放水员,安装计量设施记录等方式,不断简化优化,最终形成了如海宁市开发水费管理平台,统一与供电部门合作,提取泵站的用电量数据;同时通过率定一批典型泵站,根据水泵的年代、泵型、工况等,取得水电转换系数;通过以上数值自动在平台后台换算出各泵站的用水量,与灌区灌溉控制定额比较,直接得到各灌区的节水情况,以此为依据兑现节水奖励资金。

3. "形式活、见成效"

节水奖励不仅限于资金,因地制宜,灵活多样。部分山丘区或因财力有限,或因无法做到精细的全灌区用水计量,并不能对灌区放水员进行节水计量及资金奖励,提出了通报表扬等形式,对工作认真负责、节水效果好的放水员,得以在镇、村公开表扬。

3.5.3.2　节水奖励的对象

按照"一把锄头放水"的原则,以及节水奖励"谁节水,奖励谁"的原则,节水奖励对象主要针对放水员,也可扩展至灌区农户、种植大户、基层用水合作组织等。

灌区放水员在实施灌溉放水操作,需要群众尤其是散户的配合,不然会出现农户随时要求放水,拒绝配合统一放水管理,造成灌溉用水效率低下的情况。故也有部分地区采用了农户、放水员共同参与节水奖励的情况。浙江平湖市改革试点期间,由灌区的水利服务专业合作社提出水费计收方案与水价改革宣传,通告举行民主评议会,由灌区内农户参加民主表决会,最终超过2/3的农户投票通过,确定由农户与放水员共同接受节水奖励,及超定额用水的累进加价惩罚。实践发现,仅奖惩放水员,程序简单,操作简便,但对调动农户节水积极性无效果;若农户与放水员共同奖惩,程序复杂,但可有效提高农户的参与度,形成农户、放水员互相监督的氛围。节水奖励发放对象框图如图3.53所示。

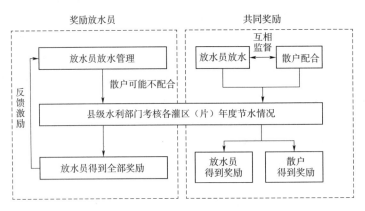

图 3.53　节水奖励发放对象框图

3.5.3.3　奖励来源及额度

1. 奖励来源

农业水价综合改革节水奖励资金主要来源于县级财政，部分地区在县级奖励资金基础上，乡镇也配套资金。通过县级水利局、财政局联合出台节水奖励办法，稳定节水奖励资金来源，规范节水奖励标准、奖励流程、资金管理等内容。

2. 奖励额度

节水奖励额度，根据放水员负责灌区的年度实际用水量与利用灌溉控制定额核算的用水量指标（需根据水文年型修正）之间的差值确定，根据节水比例划分不同档次，给予放水员奖励。其中抛荒、未正常灌溉等非节水因素减少的用水量不列入节水奖励统计范围。以嘉兴平湖为例，由于地处平原河网区，种植水稻为主，用水定额基数大，节水奖励标准根据定额内节水 5%～20%，分四挡奖励 2～10 元/亩，奖励资金由县（市、区）和乡镇 1∶1 配套。又如衢州江山市，由于地处山丘区，经济作物种植较多，用水定额基数小，且财政能力有限，节水奖励标准根据定额内节水 10%～30%，分三档奖励 1～5 元/亩。

奖励额度的确定，既要考虑调动放水员的工作积极性，又不能脱离当地的收入实际，不能给当地财政增加太多的负担。

节水奖励来源及资金框图如图 3.54 所示。

3.5.3.4　节水奖励的程序

1. 计量考核

计量考核是实施节水奖励的主要依据。根据各地用水计量的方式，可分为"以点带面奖励"程序及"全计量奖励"程序。具体考核与精准补贴考核同步，平原区多可通过点上精准计量及"以电折水"手段计量达到"全计量奖励"，山丘区一般按灌溉条件分区（或按乡镇

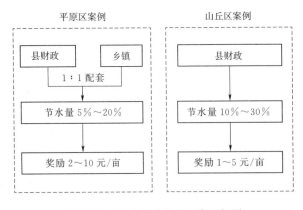

图 3.54　节水奖励来源及资金框图

分区），各分区选取典型灌片安装计量设施进行精确计量，以点带面，按分区划分不同档次进行"以点带面奖励"。

2. 奖励发放

节水奖励资金发放时，列入各级账目的"农业水价综合改革专目"中，逐级划拨至村级。明确奖励至承包制放水员的灌区，直接下发奖励资金；奖励至雇用制放水员的灌区，可综合放水员工资与奖励资金进行下发。部分财力有限地区，则通过通报表扬的方式予以精神奖励。

节水奖励程序框图如图 3.55 所示。

3.5.4 管理考核机制

3.5.4.1 考核体系

农业水价综合改革是一项涉及面广、政策性强、技术性复杂的工作。通过建立管理考核机制，对确保改革工作快速稳定推进具有重要作用。为落实各级政府、村集体和管水组织等改革主体责任，充分发挥考核指挥棒和导向激励作用，浙江结合改革实际，建立四级考核体系，如图 3.56 所示。

（1）省级考核：省级水利、发展改革、财政和农业等部门，对设区市、县（市、区）开展年度农业水价综合改革工

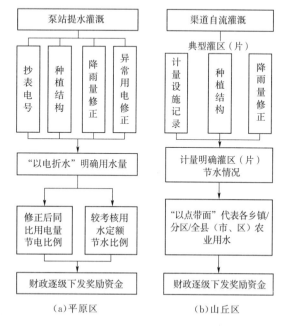

图 3.55 节水奖励程序框图

作进行绩效评价，评价结果纳入中央财政水利发展资金和省水利建设与发展专项资金的绩效因素，纳入粮食安全责任制考核、最严格水资源管理制度考核，与省级部门相关专项资金挂钩。

（2）县级考核：县（市、区）根据本地实际，对辖区乡镇和大中型灌区管理单位开展年度工作考核，与省级考核相比，考核内容与指标简化，相关考核结果纳入粮食安全责任制考核、最严格水资源管理制度考核、乡镇年度综合考核等。

（3）乡镇考核：乡镇对各行政村、跨村农民用水合作组织开展简易考核，为兑现农业用水精准补贴和农业节水奖励资金提供依据。

（4）村级考核：村集体、基层用水合作组织等对放水员根据日常工作开展情况进行考核，确定奖惩等次，为节水奖励资金兑现提供依据。

3.5.4.2 考核指标

1. 省级考核指标

按照《浙江省农业水价综合改革总体实施方案》（浙政办发〔2017〕118 号）明确的农业水价改革目标任务，评价内容分为工作开展情况和任务完成情况，有关指标的分值和评价标准按照国家发展改革委等五部委《关于扎实推进农业水价综合改革的通知》（发改价格〔2017〕1080 号）文件的要求，结合浙江省实际制定，并将根据改革工作进展情况进行相应调整。

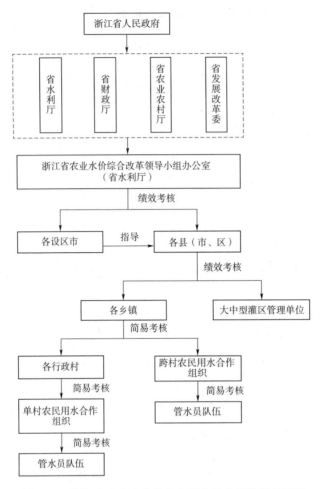

图 3.56　浙江省农业水价综合改革分级考核体系框架图

工作评价着重对改革的组织领导、工作机制建立、信息报送、宣传发动等工作落实情况进行评价，共设置 5 项细化评价指标；任务评价围绕改革实施范围、夯实改革基础、水价形成机制、精准补贴机制、节水奖惩机制等改革重点任务进行评价，共设置 15 项细化评价指标。具体评价指标见表 3.6。

表 3.6　　　　　　　　　　浙江省农业水价综合改革绩效考评指标表

评价类别	序号	评价指标	分值	评 价 标 准
工作评价 （15 分）	1	市、县级改革领导小组建立及履职情况	3	（1）建立领导小组，得 2 分； （2）召开会议研究部署推进改革工作，得 1 分
	2	市、县级绩效评价机制建立及检查考评工作情况	3	（1）建立市、县级绩效评价机制，得 2 分； （2）检查考评工作开展到位，得 1 分
	3	市、县级改革激励机制建立及工作开展情况	3	（1）建立县级资金（涉及农田水利建设的）分配与改革成效挂钩机制，得 2 分； （2）市、县、乡镇改革激励机制落实到位，得 1 分

续表

评价类别	序号	评价指标	分值	评 价 标 准
工作评价 （15 分）	4	制订年度实施计划	3	（1）出台年度实施计划，得 1 分； （2）细化部门年度改革任务，得 1 分； （3）将改革实施面积细化分解到灌区（或地块），得 1 分
	5	做好信息报送和宣传引导工作	3	（1）及时报送改革工作进展情况及实施计划，得 1 分； （2）做好简报、典型经验交流等其他信息报送，得 1 分； （3）舆论宣传工作得力，各方反映良好，得 1 分
任务评价 （85 分）	6	全县年度实际改革实施面积占年度计划实施面积的比例（%）	4	全县年度实际改革实施面积占年度计划实施面积的比例达到 100% 得 4 分；低于 50% 得 0 分；50%～100% 按比例得分
	7	全县累计完成改革任务的面积占应完成面积的比例（%）	5	全县累计完成改革任务的面积占应完成面积的比例达到 100% 得 5 分；其他按比例得分
	8	全县累计改革实施面积在全省排名	10	全县累计改革实施面积在全省排名第一位的得 10 分，排名第二位的得 9.5 分……以此类推，第 21 名及后面的不得分
	9	配套完善供水计量设施	8	（1）改革区域在大中型灌区范围内，渠首及主要支渠口实现计量配套，得 3 分；末级渠系以下计量设施设置满足农业水价改革要求，得 5 分。 （2）改革区域在小型灌区范围内，计量设施设置满足农业水价改革要求，得 8 分
	10	实施农业用水定额管理、探索农业水权制度	6	（1）制定符合改革实施区域实际的农业灌溉定额，得 2 分； （2）对改革实施区域实行农业用水总量控制，得 2 分； （3）对改革实施区域实行农业用水定额管理，探索建立农业水权制度的，得 2 分
	11	明确工程管护责任	3	（1）农田水利工程及设施产权清晰，得 2 分； （2）管护主体及责任落实，得 1 分
	12	健全终端用水管理模式	2	改革区域农民用水合作组织等管理组织覆盖率达到 100%，得 2 分；低于 50% 得 0 分；50%～100% 按比例得分

评价类别	序号	评价指标	分值	评 价 标 准
任务评价 (85 分)	13	农业水费实收率	3	改革实施区域农业水费实收率不低于 95%，得 3 分；85%（含）～95%，得 2 分；75%（含）～85%，得 1 分；75%以下得 0 分
	14	推广农业节水技术与措施	4	改革实施区域推广水稻节水灌溉、高效节水（喷微灌、管灌）工程技术与措施面积占年度计划比例达到 100%，得 4 分；低于 50%，得 0 分；50%～100%按比例得分
	15	建立健全农业水价相关管理办法	5	出台县级农业水价成本监审和价格核定等管理办法或文件，得 5 分
	16	合理测算并制定农业水价	13	(1) 按照相关规定进行成本监审并合理测算改革实施区域农业水价，得 3 分； (2) 合理制定改革实施区域农业水价调整计划，得 4 分； (3) 改革实施区域骨干水利工程水价达到运行维护成本水平，得 2 分； (4) 改革实施区域末级渠系水价达到运行维护成本水平的面积占实施计划面积的比例达到 100% 得 2 分，低于 50% 得 0 分，50%～100%按比例得分； (5) 总体不增加农民负担的，得 2 分
	17	实施超定额累进加价制度	2	(1) 出台并执行超定额累进加价制度，得 1 分； (2) 改革实施区域落实超定额累进加价制度，得 1 分
	18	出台精准补贴和节水奖励办法	6	(1) 出台农业用水精准补贴办法，得 4 分； (2) 出台农业节水奖励办法，得 2 分
	19	落实精准补贴资金	10	改革实施区域实际落实精准补贴资金占应落实资金的比例达到 100%，得 10 分；低于 50%，得 0 分；50%～100%按比例得分
	20	落实节水奖励资金	4	改革实施区域落实节水奖励资金占应落实资金的比例达到 100%，得 4 分；低于 50%，得 0 分；50%～100%按比例得分
合计得分			100	

2. 县级考核指标

参考浙江省农业水价综合改革工作绩效评价办法，确定"县（市、区）—乡镇"水价改革工作考核内容，主要包括组织机构、工作评价和成效评价 3 大类 8 项评价指标，具体考核指标见表 3.7。

表 3.7　　　　　县级农业水价综合改革绩效考评指标表

序号	评价类别	评价指标	分值	评 价 标 准
1	组织机构 （10分）	组织建设	10	（1）乡镇成立改革工作小组或有专人负责，得2分； （2）下辖村集体落实终端用水管理组织的比例达到100%得5分，低于50%得0分，50%～100%按比例得分； （3）终端用水管理组织职责分工明确、制度健全，得3分
2	工作评价 （40分）	工作部署	5	乡镇召开农业水价改革相关工作部署或培训等会议1次以上，得5分
3		监督检查	10	（1）乡镇建立农业水价综合改革监督检查机制，得3分； （2）乡镇监督检查到位，得7分
4		资金管理	10	（1）乡镇建立农业水价综合改革资金管理制度，得5分； （2）乡镇农业水价综合改革资金管理合法合规、账目清晰、拨付及时，得5分
5		宣传引导与信息报送	5	（1）宣传方式多样，宣传力度大，改革氛围良好，得3分； （2）及时向市改革领导小组办公室报送改革工作进展情况，得2分
6		年度总结	10	（1）按照提纲、按时保质的提交改革年终总结，相关佐证材料充分，得7分； （2）总结提炼典型经验，得3分
7	成效评价 （50分）	维修养护成效	40	抽查典型村集体（灌片），每个乡镇1～2处。 （1）建立农田水利工程设施维修养护制度，得5分； （2）农田水利工程设施面貌较好，得10分； （3）农田水利工程设施完好率达到100%得15分，50%以下不得分，50%～100%按比例得分； （4）农田水利工程维修养护台账充分，得10分
8		节水成效	10	各乡镇典型灌区亩均用水量与控制定额相比，节水30%以上的，得10分；节水10%～30%的，得5分；节水10%以内的，得3分；超过控制定额的，不得分

3. 乡镇考核指标

根据乡镇农田水利日常管理和改革工作要求，确定"乡镇—村（用水户协会）"水价改革工作考核内容，主要包括组织机构、工作评价和成效评价三大项，具体考核指标见表3.8。

表 3.8　　　　　镇级农业水价综合改革工作考核指标表

序号	评价类别	指标	分值	评 价 标 准
1	组织机构 （20分）	组织建设	20	村级按照灌区管理要求，落实主要负责人和日常管理人员

续表

序号	评价类别	指标	分值	评 价 标 准
2	工作评价 （40分）	基础工作	10	（1）村级灌排设施基本信息按照要求登记造册； （2）维修养护制度、放水管理制度、放水员管理制度等制度健全
3		日常检查	10	村级按照要求对灌排设施进行检查、并做好相关记录工作，发现问题及时上报
4		资金管理	10	农业水价综合改革奖补资金使用合规合理
5		宣传推广	10	配合上级部门，设立宣传牌、横幅、培训等方式，营造良好的改革氛围
6	成效评价 （40分）	维养成效	20	根据日常检查和抽查情况，综合评价维养工作为优秀、良好、不合格，分档得20分、10分、0分
7		节水成效	20	依据农业水价综合改革用水情况考评结果，分为优秀、良好、不合格，分别得分20分、10分、0分

4．村级考核指标

根据村级农田水利日常管理和改革工作要求，结合实际情况，尽量简化对放水员的考核指标，确定"村（用水户协会）—放水员"工作考核方式，评价类别主要包括工作评价和成效评价两大项，具体考核指标见表3.9。

表3.9　　　　　　　　村级农业水价综合改革工作考核指标表

序号	评价类别	指标	分值	评 价 标 准
1	工作评价 （60分）	基础工作	20	（1）参加村级管水小组或用水户协会相关会议或培训情况； （2）维修养护制度、放水管理制度、放水员管理制度等制度执行情况
2		日常检查	40	放水员按照要求对灌排设施进行检查、并做好相关记录工作，发现问题及时上报
3	成效评价 （40分）	维修养护 成效	20	根据放水员管理片区维修养护工作综合评价结果，分为优秀、良好、不合格，分档得20分、10分、0分
4		节水成效	20	依据放水员管理片区用水情况考评结果，分为优秀、良好、不合格，分别得分20分、10分、0分

3.5.4.3　考核程序

1．省级考核程序

（1）县级自评。各县（市、区）对照设置的评价指标，总结评价期内农业水价综合改革工作开展和任务完成情况，进行自评打分，经设区市相关部门复核后，将自评结果和评价依据（相关文件或证明材料）上报省水利厅、财政厅、农业厅和物价局（以下简称"四部门"）。

（2）初步评议。省级四部门结合日常督导检查情况，对自评结果进行初步评议。

（3）抽查评价。省级四部门按照一定比例确定抽查县（市、区），并组成工作组进行实地评价。

（4）综合评定。省级四部门对初评结果和抽查评价结果进行审议，对照评价指标打分并确定等级。

（5）发文公布。评价结果于年底前由省级四部门联合发文公布。

省级考核流程图如图 3.57 所示。

2. 县级考核程序

（1）考核方法。考核工作采取资料审查与现场抽查相结合的方式。

（2）考核程序。

1）上交资料。每年 10 月 15 日前，各村集体（协会）上交年度运行管理资料到乡镇，经整理汇总，形成年度农业水价综合改革总结报告，并附相关佐证材料，10 月底前，上交县级农业水价综合改革领导小组办公室（以下简称"县水价办"）。

2）资料审核。县级水价办结合日常监督检查情况，对乡镇资料进行审核。

3）现场抽查。县级水价办随机抽取村集体，每个乡镇 1～2 个，组织进行实地考察、核实。

4）综合评定。县级水价办对资料审核和现场复核结果进行评议，对照评价指标打分并确定考核等级。

5）结果公布。考核结果于当年 11 月底前由县级水价办发文公布。

县级考核流程图如图 3.58 所示。

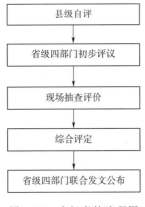

图 3.57　省级考核流程图

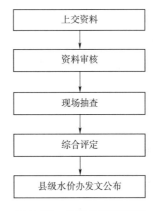

图 3.58　县级考核流程图

3. 乡镇乡考核程序

（1）上交资料。10 月底前，乡镇内各行政村按照考核办法汇总相关台账，上交乡镇水价改革办公室。

（2）现场抽查。乡镇水价改革办公室随机选取 10%～20% 的村作为抽查点，组织人员实地核实运行管理效果，抽查结果作为工作考核主要因素。

（3）综合评定。乡镇水价改革办公室对资料评分、抽查结果和节水成效进行综合评议，对照评价指标打分并确定考核等级。

（4）结果公布。考核结果于当年 11 月底前由乡镇发文公布。

乡镇级考核流程图如图 3.59 所示。

4. 村级考核程序

（1）上交资料。10 月底前，放水员按照考核办法提交用水管理记录本和维修养护记录本，上交村级管水小组。

（2）现场抽查。

村级管水小组实地核实运行管理效果，抽查结果作为工作考核主要因素。

（3）综合评定。村级管水小组对记录本、抽查结果和节水成效进行综合评议，对照评价指标打分并确定考核等级。

（4）结果公布。当年 11 月底前由村委会发文公布。

村级考核流程图如图 3.60 所示。

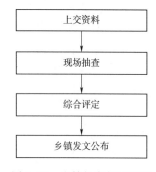
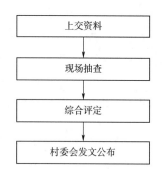

图 3.59　乡镇级考核流程图　　　　图 3.60　村级考核流程图

3.5.4.4　考核模式

结合浙江省实际，农业水价综合改革主要有 2 种考核模式。

1. 线上考核

以杭嘉湖地区为代表的平原区将工程管护情况、用水量情况、组织运行情况等所有考核内容接入线上考核平台，以平台显示的结果作为考核依据。

（1）功能要求。该系统主要面向全省河网平原区的县级农业水价改革管理进行开发，乡镇与村级（用水合作组织）用户可以远程登录，查询与维护其管辖区域的相关信息。

（2）主要模块。

1）基础信息管理。对有效灌溉面积、种植结构、终端管理、机埠状况、灌排工程等基础信息进行实时查询、统计汇总等管理。

2）农业灌溉用水管理。根据灌区种植结构，测算分析灌区用水控制定额；实时采集灌区农业用水总量及亩均灌溉用水量，实现灌区超定额用水的预警及年终灌区考核定额的测算分析。

3）精准奖补管理。测算分析灌区农业节水或超定额用水的额度、村级管水员农业节水奖惩资金；提出"行政村—乡镇"精准补贴经费额度。

4）改革台账管理。实现各级改革台账在线整编和查阅。

2. 线下考核

以金丽衢地区为代表的山丘区将工程管护情况、组织运行情况通过线下现场抽查和台账检查的形式，结合典型灌区用水量情况对农业水价综合改革进行考核。考核流程如前面内容。

第4章 南方平原河网区农业水价综合改革案例

南方平原河网区一般地势平坦，河流纵横，水资源（特别过境水资源）丰富；耕地面积集中，田面平整，土地肥沃，粮食作物特别水稻种植面积较大。农业灌溉以中小型灌区为主，小型机埠为主要水源工程，就近河网取水，每个机埠控制的灌溉面积从几十亩到几百亩不等；灌溉工程以明渠为主、管道为辅，排水系统较为发达。由于水土资源和灌排条件相对较好，往往是当地的农业主产区。但现状也存在着农业用水管理粗放、灌溉用水效率不高，水环境问题比较突出，农田水利工程管理责任不明确和维养不到位等问题。对南方平原河网区而言，无论从促进农业节水减排、改善区域水环境角度，还是促进农田水利工程良性运维、保障粮食安全角度，实施农业水价综合改革都具有重要意义。本章以浙江省杭嘉湖平原湖州市南浔区为例，详细介绍农业水价综合改革的目标与路径、具体做法及改革成效。

4.1 基本情况

南浔区地处杭嘉湖平原北部、太湖南岸，境内河流纵横、湖漾密布，水域率为13.2％，是典型的江南水乡，也是浙江省重点商品粮、油、渔生产基地，下辖9镇2街道1省级开发区。全区有效灌溉面积为41.27万亩，其中永久基本农田38.3万亩，以水稻、桑蚕、蔬菜、苗圃为主，区域内灌溉水源以泵站提水为主，田间以灌排渠系为脉络，形成一般中型灌区3个、小型灌区920个。近些年来，全区全力推进高效节水灌溉工程、小农水重点县等农田水利建设，完成机埠标准化改造1118座、渠道改造113km、高效节水灌溉面积3.18万亩。

农田灌溉是南浔区的用水大户，2017年约占总用水量的一半以上，节水潜力巨大；农田灌溉水有效利用系数0.628，仍有较大提升空间。区内中型灌区（圩区），均设立灌（圩）区管委会，由圩（灌）区工程管理单位和受益乡（镇）、村负责人组成。灌（圩）区管委会负责外围排涝，内部农业用水管理则与小型灌区相同，仍由所在的村委会管理，一部分通过土地流转给承包大户、合作社，则区域内的机埠转交承包者管理。灌（圩）区管理经费主要靠财政补贴和收取水费来维持。灌（圩）区内从事农业、渔业、蚕桑、水面捕捞、工商企业等生产经营活动的个人及企业，均按照灌（圩）区管理章程缴纳排灌水费，部分乡镇按照30～35元/亩的费用收取排灌水费，弥补区域内农田水利设施维修养护和电费支出。同时，区级及镇级财政每年补助一定的管理和维修养护专项经费，但经费不稳定。

4.2 现状问题与改革必要性

4.2.1 现状问题

"十二五"以来，通过小农水重点县（项目县）等一系列项目建设，结合水利工程标准化管理、农田水利产权制度改革等措施，南浔区水利建设和管理取得了显著的成绩，不仅提高了南浔区抗御自然灾害的能力，改善了农业生产条件，灌排保障能力上了一个新台阶，基层农田水利管理、工程管护也得到较好的保障，为农业水价综合改革奠定了较好的基础。但由于管理投入强度不够和管理水平限制等原因，区域农田水利基础条件仍有较大提升空间，特别是在农田水利"最后一公里"的运维方面，存在管理职责不明确，人员素质不高、管理不到位、资金保障不稳定等缺陷。具体表现在以下 4 方面。

（1）运行维护经费不稳定，末级渠系管护不到位。自 2004 年免收水费后，全区现状农田水利工程运行管护经费一部分由水利局根据农田水利经费以项目的形式安排，另一部分由镇（区）从每年的财政资金中统筹安排。由于水利项目资金的不确定性和镇（区）统筹资金的不固定性，田间末级渠系运行维护经费存在不足的问题。在维修养护经费不能确保的情况下，末级渠系局部渗漏、配套建筑物损坏及渠道局部损毁等问题不能得到及时解决，渠道养护不到位，底部淤积、杂草丛生、设施保养不到位、泵房杂物乱放等问题（见图 4.1）较突出，导致渠系输水效率低、灌溉保障程度差。

图 4.1 部分末级渠系和建筑物管护现状

（2）终端用水管理组织不健全，管理人员素质有待提高。随着社会经济的发展，农业效益比较低，导致末级农田水利设施的管护主体责任不明确，受益村集体参与灌区管理程度较低，农户"只用不管"现象普遍；终端用水管理能力相对薄弱，管理手段及管理技术不能满足农业发展的要求。调查发现，大多数村集体面临管护经费不足、技术力量欠缺等诸多问题，造成末级渠系灌溉水利用率较低，水量浪费损失严重，情况不甚乐观。现状大部分村集体虽安排了泵站放水员，但管理职责也仅限于开关水泵，并未承担起田间水利设施的管护职责，人员素质有待进一步提高。

（3）计量设施配套滞后，难以满足水价改革需求。南浔区通过小农水重点县（项目县）、农业综合开发等项目的实施，田间提水泵站、渠系及建筑物等工程设施得到很大改观，但前期项目规划未考虑到用水计量的要求，所建设水利工程并未配套相应的计量设施。另外，南浔区地处平原地区，大部分泵站兼有排涝功能，使得用水计量进一步复杂化，就现状计量设施情况，远远达不到当前农业水价综合改革的需要。由于不能满足用水计量要求，超定额用水累进加价、分类水价等科学、先进的管理方式就不能得到有效推广应用，精准补贴、节水奖励等制度措施难以落实。

（4）缺乏有效激励机制，难以调动节水积极性。现状南浔区灌区日常管理普遍由属地村集体负责，所需经费由公共财政以维修养护项目的形式直接支付给地方。农民缴纳水费不足或不交水费，形成"政府供水、农民种田"的局面。缺乏有效的节水补偿机制和节水奖励机制，难以调动灌区农户主动节水的意识与积极性。同时，给予放水员的工资也是固定的，没有有效的激励机制，这样带来的负面效应有：①水资源有偿使用的观念被削弱；②农户节约用水意识淡薄；③不利于节水灌溉技术的推广应用；④放水员的积极性不高。

4.2.2　改革必要性

党的十九大作出了实施国家节水行动、乡村振兴等部署。农业是用水大户，实施国家节水行动，要求通过农业水价综合改革，不断促进农业节水，提高农业灌溉用水效率，实现绿色发展。实施乡村振兴战略，需要推进农业水价综合改革，不断加强农田水利设施建设与管理，为乡村产业兴旺提供基础支撑和保障。省政府文件（浙政办〔2017〕118 号）要求各地充分发挥农业水价综合改革的"牛鼻子"作用，解决农田水利改革发展中存在的"单项突进"和"碎片化"问题，促进设施完善和制度建设有机融合，增强改革系统性，全面建立农田水利良性建管体制机制。南浔区开展农业水价综合改革，既符合国家和省级战略要求，也是区域农田水利建设和管理的实际需要。

（1）有利于促进地区节水减排，改善农村生态环境。南浔区农业发达，单季水稻、耗水经济作物、养殖业是农业支柱产业。水稻方面，灌溉方式基本为漫灌，用水管理粗放，水资源浪费比较严重；其他耗水作物、养殖业也以传统的灌排模式居多。大量的农田排水会携带高浓度氮磷污染物进入河沟，使水环境的污染问题日益严重，农业面源污染已经成为水环境的主要污染源。通过农业水价综合改革，树立节水就是减排的意识，推广节水减排技术，合理发展"绿色经济、生态农业、循环经济"，改善农村生态环境，为南浔建设"中国魅力水乡"提供助力。

（2）有利于加强用水终端管理，提高农业综合生产能力。南浔区大力兴修水利，农田水利设施呈现良好发展势头，已基本解决了农业灌溉用水问题，为南浔区农村经济的发展起了重要作用，但工程的建后管护却存在较大问题。通过加强终端用水管理，可有效促进农田水利效益发挥，稳定和提升农田产出，对提升地区农田产能，保障全区粮食生产安全稳定具有积极推进作用。

（3）有利于稳定管护经费和人员，保障工程良性运行。南浔区末级渠系维修养护经费虽得到一定程度的解决，但与保障工程良性运行还有较大的差距。通过水价综合改革，稳定末级渠系运行管护资金来源，工程管护"定员、定职、定责"，对保障末级灌溉工程良性运行具有重要作用。维修养护补贴的精准计算与落实，也有利于水利工程可持续运行，提高灌溉服务质量，最终使农户受益。

（4）有利于调动农户的积极性，提升政府形象。农业与农民息息相关，水价改革需要农民用水户的支持才能长久，随着农业水价综合改革的不断推进，农户节水意识将逐渐提升，同时还可以促进农民用水合作组织创建，参与农业灌溉的管理。农户以多种形式参与灌区的建设、改造和维护，可有效地减少农户之间、农户与水管单位之间的用水矛盾，降低农业生产成本的同时也保证农民收入的增加。政府和村集体从中抽身，专注顶层设计、基础设施保障、技术指导等惠民实民工作，可有效地提升政府在广大农户中的形象。

4.3　改革目标与路径

4.3.1　改革目标

以节水减排为核心、保障农田水利良性运行为重点，推进农业水价综合改革，进一步完善农田水利工程设施体系，加强农业用水终端管理，建立以农业水价形成机制和农业节水奖补机制为代表的各项机制，以此解决地区农田水利工程管护不到位、农户节水意识淡薄的突出问题，保障农田水利工程长效良性运行，保障地区粮食综合生产能力。

（1）在夯实农田水利基础设施方面。进一步完善农田水利工程设施，典型灌区计量设施设备配套到位，其他"以电折水"实现计量全覆盖，满足农业水价综合改革用水管理和计量要求。

（2）在完善终端用水管理方面。建立终端用水管理组织，落实工程管护责任，提高农田水利管理能力，实现农田水利工程维修养护良性循环，基本实行农业用水定额管理，农民群众节水意识明显提高。

（3）在建立改革机制方面。在全区有效灌溉面积范围内初步建立科学合理的农业水价形成机制，农业用水价格达到工程运行维护成本水平；建立农业用水精准补贴机制、农业节水奖励机制和综合管理考核机制，基本实现农田水利工程的良性运行。

4.3.2　改革路径

基于上述改革目标，改革路径主要从工程设施改造、终端管理改革、管理机制创新三个方面进行。

4.3.2.1　工程设施改造

（1）完善农田水利基础设施。按"美丽田园、乡村振兴"等要求，对灌区泵站、末级渠系进行提升改造，提档升级农田水利工程，为农业水价综合改革夯实设施基础。

（2）配套供水计量设施。遵循"点上精准、面上简便"的原则，在典型灌区泵站、渠首等位置安装合适类型的量水设施，实现典型区的灌溉用水准确计量；在面上采用"以电折水"等间接量测法，保证全区灌溉用水量得到合理计量。

4.3.2.2　终端管理改革

（1）加强终端管理组织建设。提升村集体用水管理能力及加强现有农民用水自治组织建设，"双脚落地、同步落实"。提升终端管理组织的用水管理、工程运维能力，促进节约用水。规范资金使用管理，自觉接受群众监督。

（2）强化用水定额管理。科学核定农业用水总量。参照浙江省农业用水定额标准，合理制定农业用水分类定额，保障粮食生产足额用水，满足经济作物和养殖业合理用水需求。

（3）加强工程运行管理。以定职责、定经费、定人员、定制度为核心，抓好末级渠系运维管理。以农业水价综合改革为牵引，带动区域机埠等小型农田水利设施产权制度和管护机制改革，调动各方参与管护的积极性。

（4）大力推广农业节水技术和措施。继续推进高效节水灌溉工程建设，重点推广水稻区低压管道等节水灌溉技术；在田间推广水稻薄露灌溉技术等措施，提高农业用水精细化管理水平。

4.3.2.3　管理机制创新

（1）建立农业水价形成机制。综合考虑灌区供水运行维护成本、用户承受能力等因素确定农业用水价格，且水价应基本反映或逐步提高到运行维护成本水平。在用水计量终端试行分类水价，合理制定分类用水价格。加强农业用水定额管理，积极试行超定额累进加价制度。

（2）建立农业用水精准补贴机制。建立与节水成效、财力状况相适应的农业用水精准补贴机制。补贴标准根据定额内用水成本与运行维护成本的差额确定，重点补贴种粮农民定额内用水。出台精准补贴办法，明确补贴对象、方式、标准、程序，确保公开透明。

（3）建立农业节水奖励机制。积极探索易于操作的农业节水奖励机制。出台节水奖励办法，建立健全放水员节水绩效奖惩制度。对采取大力节水措施的村组集体、农户等用水主体给予奖励，提高农业用水户主动节水意识和积极性。

（4）建立农业水价综合改革分级考核制度。开发农业水价综合改革信息化管理与考核系统（平台），建立节水成效和农田水利设施维修养护效果与补贴资金相关联的考核制度，加强补贴资金和节水奖励资金管理。

4.4　工程设施改造

4.4.1　农田水利设施改造

针对南浔区灌区全部采用泵站提水、明渠（或管道）输水灌溉等特点，农田水利设施改造重点是泵站提升和灌排渠道（管道）建设。新建或改造主要遵循如下几个原则。

（1）规划引领：结合农业水价综合改革工作开展的农田水利设施改造提升，应符合区域农田水利建设总体规划的要求。

（2）提档升级：尽量结合美丽田园、乡村振兴等建设，按照"功能完整、配套齐全、形象靓丽、数字赋能"等要求开展农田水利设施改造提升。

（3）突出重点：优先改造典型灌区内农田水利工程，发挥示范引领作用。

（4）量力而行：改革期间，根据地区财力合理安排农田水利建设投入，为农业水价综合改革提供基础支撑。

4.4.1.1　泵站改造

南浔区内泵站多建于河岸边，泵站出口连接渠道或管道。渠道灌溉一般采用轴流泵，管灌一般采用混流泵，且轴（混）流泵的结构形式简单，施工方便。泵站是灌区的主要水源工程，通过配套改造泵站，可以有效地提高灌区的灌溉保证率。"十二五"以来，南浔区根据湖州市泵站标准化要求，按照"功效高、安全好、外观美"的要求开展泵站建设，结合农业水价综合改革的要求进行分类改造。

（1）针对受益灌溉面积较大泵站，以及村边、路边、河边、山边及景点周边的泵站，按照"高效、节水，安全、实用，整洁、美丽"的要求，开展标准化机埠 2.0 版建设，充分融入乡村振兴、美丽乡村建设，打造示范机埠。南浔区标准化机埠 2.0 版硬件标准见表 4.1，典型泵站改造后面貌如图 4.2 和图 4.3 所示。

表 4.1　　　　　　　　　　　南浔区标准化机埠 2.0 版硬件标准

序号	指　标	硬　件　标　准
1	形象靓丽	（1）机埠外墙完好、干净，基础良好，无安全隐患； （2）泵房和出水池外立面贴砖（红色）或结合乡村振兴绘图美化； （3）泵房门完好、无破损，锈蚀需上漆（蓝色）； （4）机埠进出道路通畅，两边绿化满足要求； （5）泵房围栏外及周边绿化满足要求； （6）泵房周边河长制、系数测算、机埠介绍等各类牌子协调统一； （7）机埠围栏完好、干净； （8）围栏进门柱（若有）美化； （9）围栏内空余地面绿化、硬化或铺砖； （10）周边及泵房上外部电线规整； （11）内外河道杂物清理打捞； （12）进水口设置拦污栅，并上漆（黄色）； （13）闸门完好、上油上漆（蓝色）； （14）出水池盖板上漆（黄色）； （15）机埠灌区灌排渠系完善
2	内部整洁	（1）泵房内部墙面干净（白色）； （2）泵房地面刷地坪漆（绿色）； （3）水泵、电机上漆（蓝色）； （4）控制柜干净、仪表正常； （5）防盗设施齐全、正常； （6）泵房内部线路规整； （7）泵房地面贴巡查、操作点标签
3	标识标牌	（1）机埠概况、操作规程、计量设施标牌等一套制度上墙； （2）水泵、电机、控制柜等标牌齐全； （3）用水记录、运维记录本挂墙，记录真实准确
4	智慧化管理	（1）泵房内配套触摸可控显示屏； （2）机埠能够实现屏控、手机端自动化操作； （3）计量设施正常且数据实时在线

（2）针对其他面上泵站，以保障安全、发挥功能为主，兼顾外观环境，改造内容包括：①更换老化、淘汰的机电设备；②统一泵站的水泵型号；③更换弯曲变形、磨损严重的部件；④改造或拆除重建危险泵房；⑤更新改造泵站的辅助设施和金属结构。

图 4.2 典型泵站改造后面貌（刘利兜机埠外部）

图 4.3 典型泵站改造后面貌（刘利兜机埠内部）

4.4.1.2 灌排渠道改造

鉴于 U 形渠防渗效果显著、水力学性能好、抗外力性能强、省工省料、占地少及便于管理等优点，南浔区在灌区改造中，一般采用 U 形渠防渗渠道，主要断面尺寸有：70cm×60cm、70cm×80cm、90cm×105cm。灌排渠道水力参数见表 4.2。一般 300 亩以下的选用 70cm×60cm U 形渠，灌溉面积在 300～500 亩选用 70cm×80cm U 形渠，灌溉面积在 500 亩以上的选用 90cm×105cm U 形渠。排水沟多选用多孔板（主材为多孔板加混凝土护底），底宽 100～150cm，近年来兼顾生态沟渠得到一定程度的推广。

表 4.2　　　　　　　　　　　　　　灌 排 渠 道 水 力 参 数

规　格	水深 h/cm	坡降 i	水 力 要 素			流量 /(m³/s)
			过水面积 A/m²	湿周 χ/m	水力半径 R/m	
70cm×60cm U 形渠	50	1/2000	0.31	1.50	0.21	0.14
70cm×80cm U 形渠	68	1/2000	0.43	1.89	0.23	0.18
90cm×105cm U 形渠	90	1/2000	0.67	2.44	0.27	0.35
多孔板	80	1/2000	0.80	2.60	0.31	0.54

不同类型典型渠系改造后面貌如图 4.4 所示。

4.4.2 计量设施配套

农业用水计量是实现农业用水总量控制与定额管理、兑现农业节水奖励机制的重要手段。南浔区现状固定灌排机埠 1876 座，其中单灌 202 座、单排 111 座、排灌两用 1563 座，即具有灌溉功能机埠达到 1700 余处，若全部精准计量投入太大。结合实际，计量设施配套遵循如下原则：①点面结合、形式多样。点上分镇（区）选取典型机埠，对其灌溉渠道、管道出水口安装计量设施，实现精准计量；面上通过统计机埠的用电

(a)U 形灌溉渠   (b)灌排两用生态渠

(c)生态排水沟

图 4.4　不同类型典型渠系改造后面貌

量，通过"以电折水"推算农业灌溉用水量。②首部控制、计量到片。在机埠管道或出口渠首开展水量监测，计量到片。避免其他非农田灌溉用水影响。③简便易行、精度合理。为便于推广应用，计量方法应尽量简单实用，操作方便，计量设施建设费用不宜太高，后期维护简单。

4.4.2.1　点上精准计量

根据以上原则，确定在全区选择 17 个典型灌区共 54 座典型机埠作为点上精准计量对象。典型机埠特点如下：①功能方面。典型机埠中，以灌排两用机埠为主，灌溉机埠 5 处。②水泵数量。典型机埠中，单泵 27 座，机埠中双台水泵 26 座，机埠 3 台水泵 1 座。③水泵型号。水泵采用轴流泵，尺寸一般为 10～20 吋（1 吋=2.54cm），单个机埠水泵型号既有相同，也有高低配现象。④输水方式。47 座机埠的出水池明渠输水，7 座机埠采用管道输水灌溉，分别占 87.0%，13.0%。⑤灌溉面积。单个灌溉机埠控制面积多在 200～500 亩。

基于南浔区机埠多为灌排两用，无法直接利用以电折算方法。根据现场情况，选用了明渠水位计法及仪表量水方法实现点上精准计量，监测数据均通过现场远传设备，发送到信息平台。

水位计选型。综合考虑现场条件及经济性，采用遥测水位计。一体化遥测水位计平面示意图如图 4.5 所示。

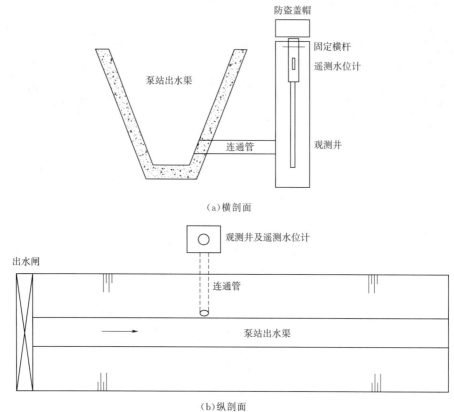

图 4.5　一体化遥测水位计平面示意图

传感器形式为压力式传感器。传感器和各类仪器设备集中布设，体积小，安装方便。明渠水位计法的遥测水位计主要技术参数见表 4.3。

表 4.3　　　　　　　　　　明渠水位计法的遥测水位计主要技术参数

技术参数	规　格	技术参数	规　格
水位量程	0～2.5m	远传通信网络	内置 GPRS 网络
最小水位	0.1m	存储数据量	1000 条
测量精度	0.3%	工作温度	−20～50℃
日上报次数	1～24 次，可设置	防护等级	IP65
睡眠模式	可设置	观测位置	观测井、旁通
供电方式	锂电池		

安装方案：有竖直和倾斜两种方式，其中倾斜安装可以缩减连通管，方便后期清淤维护，实际安装过程中，根据现场实际情况选择。

（1）安装要求。渠道下游保持渠底宽的 5～10 倍的同规格长度。

（2）仪表选型。选用外夹式超声波流量计（见图 4.6），其适用于不同的管径，便于检修安装，其主要参数见表 4.4。

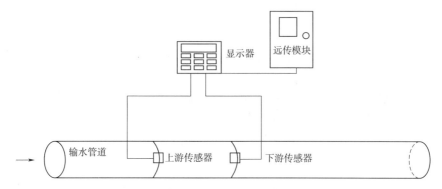

图 4.6　外夹式超声波流量计结构示意图

表 4.4　　　　　　　　　　　外夹式超声波流量计主要技术参数

技术参数	主要技术参数	技术参数	主要技术参数
主机规格	分体式	流速测量范围	0.2～32m/s
信号输出	0.1m	仪表通径	DN15～1000
供电电源	220VAV 或 24VDC	环境温度	−30～60℃
显示器	标配	传输网络	外接远传设备
通信接口	可选 RS485		

通过现场勘察与选型，共安装 47 套遥测水位计，配置观测井 47 个、系统平台 1 套，配置手持式设备 3 套；安装 5 套外夹式超声波流量计，配置外接远传设备 5 套。典型机埠已建计量设施如图 4.7～图 4.9 所示。

为提高计量精度，对 47 处利用明渠水位计法进行率定，绘制水位—流量关系曲线，拟合出流量公式中的相关参数。沈家埭机埠现场率定如图 4.10 所示，综合确定南浔区典型泵站"以电折水"系数（见表 4.5）。

4.4.2.2　面上以电折水

与国网电力实现机埠用电数据共享，全区面上采用"以电折水"方式进行核算。年末统计全区 1600 余座在用机埠用电情况，用典型灌区直接计量数据与本机埠用电数据反推机埠灌排用水电比例，再以直接计量机埠为典型点，将全区分为 9 个片区（见表 4.6）。

图 4.7　南浔区刘利兜机埠渠道一体化水位计

图 4.8　南浔区墙里机埠超声波流量计

图 4.9　汪家坝机埠渠道超声波水位计　　　　图 4.10　沈家埭机埠现场率定

表 4.5　　　　　　　　　　　南浔区典型泵站"以电折水"系数

水泵型号	"以电折水"系数	水泵型号	"以电折水"系数
混　流　泵			
200hl	30.30	300hl	37.41
250hl	32.64		
轴　流　泵			
200zl	37.09	450zl	52.59
250zl	37.53	500zl	57.97
300zl	40.33	550zl	59.30
350zl	43.55		

注　南浔机埠为标准化机埠,扬程、配套电机基本相同,按水泵型号取得平均系数。

表 4.6 南浔区水价综合改革片区划分

序号	片 区	行 政 村
1	南浔计家兜片	计家兜村，潘港桥村，前洪村，伍林村
2	南浔迎春片	永联村，迎春村，柏树村，息塘村，兴隆村，三长村，灯塔村
3	练市钟家墩片	钟家墩村，慈姑桥村，大虹桥村，严家圩村，杨树河村，荃步村，新会村，朱家兜村，白水河村，西堡村，北堡村，东堡村，花林村，水口村，农兴村，达井村，金塔村，中心村，朱家埭村，建新村，新丰村，新华村，莲墩村，悦新村，洪福村
4	练市民安片	民安村，练南村，李家兜村，蔡家桥村，庄家村，凌家堰村，松亭村，车塔村，柳堡村，召林村，施浩村，丰登村，横塘村，新联村，姚庄村
5	菱湖达民片	达民村，建丰村，永丰村，菱东村，永福村
6	菱湖卢家庄片	卢家庄村，射中村，王家墩村，东河村，陈邑村，勤劳村，勤俭村，沈家埭村，南双林村，南浜村，费家埭村，杨家巷村
7	菱湖思溪片	思溪村，下昂村，许联村，杨港村，山塘村，三溪村，新庙里村，竹墩村，六堡里村，千丰村
8	善琏平乐片	平乐村，皇坟村，港南村，善琏村，施家桥村，姚家桥村，车家兜村，夹塘村
9	善琏窑里片	窑里村，观音堂村，含山村，砖溪村，和平村，宏建村，卜家堰村

　　根据机埠的用电量，核算机埠灌溉用水的电量，通过农业水价综合改革信息化管理和考核系统平台（见图4.11），实现灌溉用水全计量。

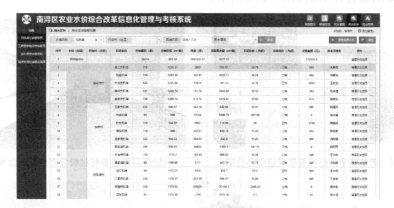

图 4.11　南浔区农业水价综合改革信息化管理和考核系统平台

4.5　终端管理改革

4.5.1　终端用水管理组织建设

4.5.1.1　组织框架

　　为保障农业水价综合改革工作的顺利实施，农业用水总量控制与定额管理等终端管理任务的落地、落实，首先要健全组织机构。南浔区现状农田水利设施以属地村集体管理为主，为加强终端用水管理工作，以现有村集体管理模式作为起点，新组建"村级用水管理小组"，承担农业水价综合改革要求的田间用水管理及工程日常管护职责，提升工程管理

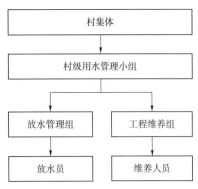

图 4.12　南浔区终端用水管理组织框架

和放水管理能力。南浔区终端用水管理组织框架如图 4.12 所示。

（1）管理小组组长：由村领导兼任，负责辖区内农田灌排设施的兴建、维护计划的制订与监督；负责灌溉用水计划的制订与监督；调解供水纠纷、宣传培训等。

（2）放水管理组：由村放水员组成，负责辖区内灌区的用水配水实施、灌溉制度的执行、水费计收。每 1～2 个泵站设置 1 人管理。

（3）工程维养组：由村级工程维修养护人员（或物业化服务人员）组成，负责灌溉排水设施的修缮和养护，防汛抗旱抢险，及时向管理小组反映工程状况等。1 个村设置 1～2 人管理。

4.5.1.2　管理制度

建立健全村级用水管理组织章程、放水员和维修养护人员管理制度、奖补资金使用管理等制度。制定村级灌溉放水、田间工程维修养护等运行维护管理制度和办法。统一标识标牌，设立农业水价综合改革宣传牌，从区-镇-行政村三级简介农业水价综合改革进展成效；用水管理组织办公室各项管理制度上墙公示。机埠内相关铭牌标牌上墙，如村级改革落实公示牌、管理人员责任牌、泵站计量装置标识牌、机埠操作运行规程、管理人员值班制度等。

典型终端用水管理示例如图 4.13 所示。

（a）善琏镇平乐村村级管理组织办公室

（b）南浔镇迎春村村级管理组织办公室

（c）平乐村水价综合改革宣传牌

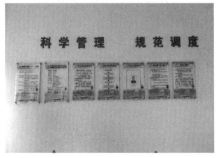
（d）墙里机埠制度上墙

图 4.13　典型终端用水管理示例

4.5.1.3　组建成果

改革期间，南浔区依托村股份经济合作社，成立用水管理组织 179 个，覆盖率 100%，放水员 969 名，机埠管理人员 365 名，其中善琏镇平乐村、双林镇刘利兜机埠入选 2018 年、2020 年"全国农民用水合作示范组织"。用水小组下设放水管理组和设备维养组，职责分工明确，不定期召开会议，商议落实农业水价综合改革各项工作。村级用水管理小组成立后，通过"管水金锄头"评比各类活动，推动用水管理终端组织规范化。图 4.14 为南浔区"管水金锄头"评比活动颁奖现场。

4.5.2 农业水权分配

南浔区地处平原河网地区，水资源丰富，导致地方节水意识很淡薄，严格控制农业灌溉用水总量，可促使地方形成"水资源有价"的氛围，对促进区域水资源合理配置和社会经济协调发展具有重要意义。依据湖

图 4.14 南浔区"管水金锄头"评比活动颁奖现场

州市级最严格水资源管理制度考核指导，南浔区以水资源管理控制目标为控制总量，按照各年度水资源公报，计算农田灌溉用水比例，初步确定南浔区农业灌溉用水总量指标。将总量控制指标细化分解到各镇（开发区），镇（开发区）再次量化至改革行政村，最后落地在机埠（灌区），通过实行农业用水定量管理，真正让节水效果看得见、摸得着。

图 4.15 为南浔区农业水权分配相关文件。

图 4.15（一） 南浔区农业水权分配相关文件

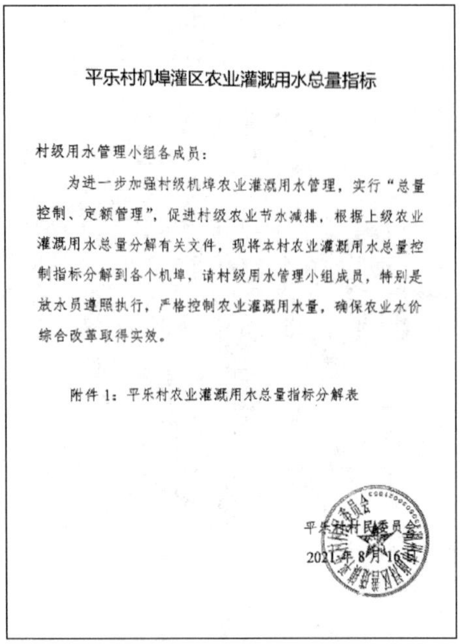

平乐村机埠灌区农业灌溉用水总量指标

村级用水管理小组各成员：

为进一步加强村级机埠农业灌溉用水管理，实行"总量控制、定额管理"，促进村级农业节水减排，根据上级农业灌溉用水总量分解有关文件，现将本村农业灌溉用水总量控制指标分解到各个机埠，请村级用水管理小组成员，特别是放水员遵照执行，严格控制农业灌溉用水量，确保农业水价综合改革取得实效。

附件1：平乐村农业灌溉用水总量指标分解表

2021年8月16日

附件1：

平乐村农业灌溉用水总量指标分解表

序号	机埠名称	灌溉面积/亩	总量指标（m³）
1	湾里机埠	140	76440
2	河北埭机埠	439	239694
3	洪泥桥机埠	156	85176
4	杨家埭机埠	688.57	375959.22
5	高桥头机埠	116	63336
6	东浜机埠	176	96096
7	王家兜机埠	487.02	265912.92
8	大坝桥机埠	90	49140
9	埭里机埠	386.03	210772.38
10	先生兜机埠	80	43680

图4.15（二）　南浔区农业水权分配相关文件

4.5.3　农业用水定额管理

4.5.3.1　灌溉控制定额

结合南浔实际，灌溉控制定额确定时以"不明显增加农民负担、不断激励农户开展改革"为原则，按照"跳一跳、够得着"的标准制订各用水类型的控制定额，避免农户虽已努力但仍导致惩罚的情况，影响改革的积极性。参照浙江省农业用水定额标准，制定南浔区主要类用水类型、多年平均灌溉控制定额（见表4.7）。

表4.7　　　　　　南浔区（多年平均年型）灌溉控制用水定额表

作物名称	分类情况	用水定额/（m³/亩）	备　注
单季稻	渠道输水	870	
	管道输水	760	
蔬菜		230	普通蔬菜
果树、苗木		100	
养殖		1000	家鱼

根据上述灌溉控制定额，可分析获得17个典型灌区的综合用水定额，并推算出各灌区的农业水权，结果见表4.8。

表4.8　　　　　　典型灌区控制综合用水定额与农业水权（多年平均年型）

序号	镇（区）	灌区名称	综合用水定额/（m³/亩）	农业水权/万 m³
1	开发区	冯家兜灌区	678	63.05
2	南浔镇	迎春村灌区	870	126.67
3		永联村灌区	728	233.03

序号	镇（区）	灌区名称	综合用水定额/（m³/亩）	农业水权/万 m³
4	练市镇	大虹桥灌区	966	232.03
5		相汇角灌区	870	61.42
6		丁家滨灌区	230	3.22
7	双林镇	大虹桥省级粮食功能区	802	166.01
8	菱湖镇	羊南圩灌区	2500	175.00
9		三里塘灌区	1516	306.14
10		北埭灌区	1135	48.82
11	和孚镇	群益灌区	2343	269.41
12	善琏镇	平乐村灌区	870	139.90
13		窑里灌区	604	102.70
14	旧馆镇	大亩担机埠灌区	1503	98.30
15	千金镇	东驿达灌区	1615	113.06
16		句界灌区	2364	141.85
17	石淙镇	姚湾-白云塘灌区	373	41.50

表 4.8 中所列的综合用水定额为多年平均降雨情况（接近平水年型）基于该控制定额制订的灌溉用水计划为机埠放水员实行总量控制、定额管理提供了依据。实际运行中，参照 3.4.3 节方法进行修正。

4.5.3.2 灌溉用水计划

南浔区主要耗水类型为水稻种植和淡水养殖，特别是水稻种植面积大、耗肥多，是农业面源污染主要来源之一，水稻种植用水定额管理是农业水价综合改革实现农业节水减排目标的核心措施，重点针对水稻灌溉制定用水计划。苗木、蔬菜由于耗水量低、灌溉管理需求小。养殖业水质要求高、换水频繁，不做规定，但仍需落实定额、总量控制。结合南浔区的水稻灌溉习惯，制定用水计划表见 4.9。

表 4.9　　　　　　　　　　南浔区水稻用水计划表（多年平均年型）

作物	时期	灌水时间	灌水次数	灌水定额/（m³/亩）	灌溉控制定额/（m³/亩）
渠道灌溉水稻	泡田期	5 月	1	181	181
		6 月	1	54	54
	返青期	7 月上旬	2	54	110
	分蘖期	7 月中下旬	3	54	163
	孕穗开花期	8 月	2	91	181
	黄熟期	9 月	2	91	181
	合计				870

续表

作物	时期	灌水时间	灌水次数	灌水定额/(m³/亩)	灌溉控制定额/(m³/亩)
管道灌溉水稻	泡田期	5月	1	158	158
		6月	1	48	48
	返青期	7月上旬	2	48	95
	分蘖期	7月中下旬	3	48	143
	孕穗开花期	8月	2	79	158
	黄熟期	9月	2	79	158
	合计				760

4.5.3.3　灌溉供水监测

为确保用水计划落地，需发挥村级用水管理小组的作用，特别是机埠专职放水员，要随时监测田间灌溉用水信息，及时掌握灌区各区域用水情况，对用水实现有效控制，动态调整用水计划，尽量避免因配水不当而产生弃水现象。

为加强灌溉用水管理，南浔区开发了"农业水价综合改革信息化管理与考核系统"，设置"农业灌溉用水管理模块"，按照"乡镇-行政村-机埠灌区"口径，测算分析灌区水权定额、理论控制定额等，实时采集与显示灌区农业灌溉用水总量及亩均水量；结合水文气象等因素分析，实现灌区超定额用水的预警，以及年终灌区考核定额的测算分析。为适应机埠放水员的管理需求，开发了手机端App，放水员可实时查询管辖范围的机埠用水信息，如果超定额用水，可及时收到预警信息，便于灌溉用水控制（见图4.16）。

4.5.3.4　农业节水技术推广

高效生态、绿色农业的发展需要完善的农田水利设施、高素质的管理人员、科学高效的节水技术等综合条件才能实现。大力推广农业节水技术与措施，既是加强农业用水需求管理的要求，也是建立科学有效农业节水机制、取得节水成效的重要组成部分。结合南浔区实际，主要推广节水灌溉工程技术和水稻薄露灌溉技术措施。

1. 节水灌溉工程技术

（1）水稻管道灌溉技术。南浔区现有水稻田主要采用机泵和渠道输水的传统农业灌溉方式，渠系水利用系数偏低。针对上述情况，结合农田水利工程建设，推广水稻管道灌溉工程，以提水机埠为灌溉水源，采用PE管道进行输水灌溉。实施管道灌溉后，灌区渠系水利用系数可提高到0.85以上，输水基本无损失，且维修养护管理更加方便。南浔区水稻管道灌溉见图4.17。

（2）特色经济作物喷滴灌技术：南浔区通过不断优化产业结构，果蔬、花卉、苗木等特色农产品已逐渐成为新的经济增长点，上述特色经济作物对灌溉要求很高，需要做到"适时、适量"的精准灌溉。针对上述需求，结合农田水利工程建设，推广喷微灌技术，有条件的可结合智能化控制系统，进一步提高灌溉的精准性和高效性，改善高效特色农业的生产条件。练市镇西堡村红美人基地（见图4.18）推广高效喷滴灌技术。

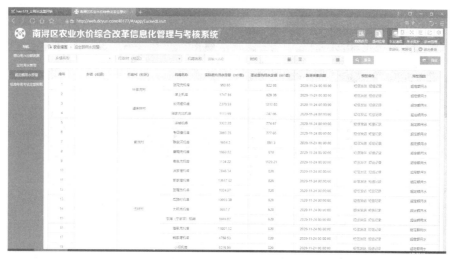

(a)南浔区农业水价改革平台预警计算

(b)南浔区农业水价改革收集 App 预警信息

图 4.16　南浔区农业水价改革灌溉用水预警管理

2. 水稻薄露灌溉技术措施

南浔区地处杭嘉湖平原地区，适宜推广水稻薄露灌溉技术，其田间水层控制标准见表 4.10。

图 4.17　南浔区水稻管道灌溉　　　　　图 4.18　南浔区练市镇西堡村红美人基地照片

表 4.10　　　　　　　　　　　　水稻薄露灌溉田间水层控制标准

控制指标	泡田期	返青期	分蘖前期	分蘖后期	拔节孕穗	抽穗开花	乳熟期	黄熟期
灌溉次数	1	1	2	0（晒田）	2	1	2	0（落干）
水层控制/mm		20～50	20～70		20～120	30～100	20～60	
土层情况		表土露面	田面微裂	裂 1cm	表土露面	表土露面	田面微裂	

为减少农田面源污染，需优化施肥技术，参照当地测土配方控制施肥总量，基肥在整田时施入，分蘖肥在移栽后 10～15d（分蘖前期）追肥，拔节肥在拔节孕穗期前 5d 施入。三者的百分比为基肥 50%、分蘖肥 30%、拔节肥 20%。追肥需保持田间有水层，深度控制在 20mm 左右。

南浔区农业水价综合改革手册中的水稻薄露灌溉技术见图 4.19。

4.5.4　农田水利工程管护

4.5.4.1　农田水利工程产权改革

南浔区政府印发《南浔区小型农田水利设施确权发证办法（试行）》（浔政办发〔2015〕146号）（见图 4.20），对全区水闸、泵站、渠道等小型农田水利工程开展产权制度改革。

《南浔区小型农田水利设施确权发证办法（试行）》中明确指出各类小型农田水利工程权属主体：政府投资的工程，产权可以归镇（开发区）或由镇（开发区）确定产权归属；农村集体经济组织投入的工程，产权归农村集体经济组织所有；社会资产投资兴建的工程，产权归投资者所有，或按投资者意愿确定产权归属；个人投资兴建的工程，产权归个人所有。

召开全区确权产权颁证大会，向已明晰产权的工程所有者颁发产权证书，载明工程位置、功能、管理与保护范围、设施产权所有者及类型、数量等基本信息，建立工程产权台账。通过两年工作，南浔区共确权发证 2133 本，其中机埠 1596 座、闸站 325 座、渠道4500km，基本实现全区小型农田水利工程权证化，明确了工程的产权归属，并实行动态更新。南浔区小型水利工程确权产权颁证大会现场和产权证书示例见图 4.21。

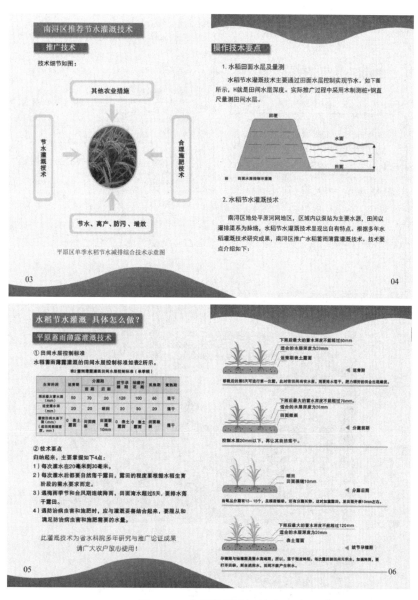

图 4.19 水稻薄露灌溉技术

4.5.4.2 农田水利工程管护制度

通过小型水利工程维修养护办法和产权制度改革，全区小型水利工程明晰产权归属，落实了管护责任主体。为进一步促进南浔区灌区灌排设施设备、维修养护工作制度化和规范化，确保灌排设施的正常运行，充分发挥工程效益，专项制定《南浔区灌排渠系和泵站维修养护制度（试行）》（见图 4.22）。同时为提高放水员管水的积极性，实行"一把锄头放水"、集中统一管理，稳步推进南浔区农业水价综合改革工作，确保水利工程良性长效运行，实现农业"节水减排"，专项制定《南浔区灌区管理制度（试行）》。

图 4.20　《南浔区小型农田水利设施确权发证办法（试行）》

(a)产权颁证大会现场

(b)产权证书示例

图 4.21　南浔区小型水利工程确权产权颁证大会现场和产权证书示例

图 4.22　南浔区农田水利工程管护制度印发文件

4.6　管理机制创新

4.6.1　建立农业水价形成机制

4.6.1.1　水价成本测算

南浔区农业灌溉多以纵横交错的河渠为灌排骨干工程兼水源，再以单个或几个机埠所控制的面积为界，形成星罗棋布的小（微）型灌区。针对上述情况，农业水价成本暂不考虑骨干工程，仅厘清小型灌区的水价成本组成，即末级渠系成本水价即可。采用"以点带面、点面结合"的方式，即在各个分区内选择具有代表性灌区进行水价成本测算，将种植结构、管理水平、田间设施类型相近典型灌区归类，综合权衡，提出南浔不同类型（农业结构、田间设施等）的分类成本水价。南浔区末级渠系水价成本测算思路见图 4.23。

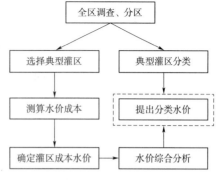

图 4.23　南浔区末级渠系水价成本测算思路

充分考虑地理位置、农业分区、农业产业等情况的基础上，在全区 10 个镇（区）选择了 17 个代表性灌区开展水价成本测算，采用两种方式：①通过实地调研，摸清灌区现状运行维护水平和各项投入经费。②依据《浙江省水利工程维修养护定额标准》科学测算维修养护成本，供水人工成本按照南浔区现状劳务工资水平测算，运行动力成本以灌区机埠发生的动力费计算。典型灌区水价成本测算结果见表 4.11。

表 4.11　　　　　　　　　　　　　　典型灌区水价成本测算结果

序号	灌区名称	用水类型	管理类型	田间设施类型	方案 A 水价成本/（元/亩）	方案 B 水价成本/（元/亩）
1	冯家兜灌区	水稻/养殖	大户	渠道	34.2	40.4
2	迎春村灌区	水稻	大户/散户	渠道	45.3	50.7
3	永联村灌区	苗木/水稻	大户	渠道	45.5	46.0
4	大虹桥灌区	水稻/养殖	散户/大户	渠道	37.4	55.6
5	相汇角灌区	水稻	合作社	管道	54.8	65.4
6	丁家滨灌区	蔬菜	大户	管道	56.8	78.6
7	大虹桥省级粮食功能区	水稻/蔬菜	合作社	渠道	42.0	55.6
8	羊南圩灌区	养殖	散户	渠道	38.9	48.9
9	三里塘灌区	水稻/养殖	散户/大户	渠道	33.7	46.8
10	北埭灌区	水稻/养殖	散户/大户	渠道	45.5	53.8
11	群益灌区	养殖/水稻	散户	渠道	36.5	41.0
12	平乐村灌区	水稻	散户/大户	渠道	44.0	55.6
13	窑里灌区	水稻/蔬菜	大户	管道	36.6	54.8
14	大亩担机埠灌区	水稻	大户	渠道	39.8	55.4
15	东驿达灌区	水稻/养殖	大户/散户	渠道	24.1	51.8
16	句界灌区	养殖/水稻	大户/散户	渠道/管道	36.9	56.1
17	姚湾-白云塘灌区	蔬菜/水稻	大户/散户	管道	54.3	58.1

注　方案 A 为按灌区现状支出水平测算的农业水价；方案 B 为按定额测算的农业水价。

4.6.1.2　成本水价

按照简单可行、操作方便、符合实际的原则，经归类汇总分析，提出南浔区农业灌溉用水成本水价核算结果见表 4.12。

表 4.12　　　　　　　　　　南浔区农业灌溉用水成本水价核算结果

序号	作物种类	田间设施类型	成本水价/（元/亩）
1	水稻	渠道	54
2		管道	60
3	蔬菜		68
4	苗木		46
5	养殖		48

4.6.1.3 分类分档水价

南浔区分类水价主要区别在粮食作物、经济作物、养殖业等用水类型，南浔分类水价分四类作物5个不同水价，其中水稻用水成本水价平均为54～60元/亩，蔬菜为68元/亩，苗木为46元/亩，淡水养殖业为48元/亩。

根据南浔区经济社会发展水平和农民群众承受能力，定额外灌溉用水价格按累进加价幅度分为三个阶梯，阶梯幅度设定为超定额10%以内（含10%）、10%～50%（含50%）和50%以上三个档次，对应水价为成本水价的1.0倍、2.0倍、3.0倍（见表4.13）。超额幅度与用水量考核直接相关，与精准补贴资金挂钩。南浔区超定额累进加价文件见图4.24。

表4.13　　南浔区超定额灌溉用水阶梯水价标准

用水量阶梯	水价阶梯	考核结果
超定额10%以内（含10%）	定额内水价×1.0	合格
超定额10%～50%（含50%）	定额内水价×2.0	不合格
超定额50%以上	定额内水价×3.0	

注　考核结果为年终农业水价综合考核时，按照用水量划分的等级，作为补贴因素之一。

4.6.1.4 水费计收

（1）定额内水费计收。为响应国家、省政府政策，切实促进地区节水，灌区应按照成本水价，收取水费46～68元/亩，收取的水费用于灌区的日常运行管理。综合考虑，南浔区定额内水费由“财政＋村集体＋农户”共同承担，其中“集体＋农户”维持现状，执行35元/亩的支出水平；区财政则主要补助粮食生产区定额内水费，有余力的再对经济作物和养殖进行适当补贴。

（2）定额外水费计收。为激发农户参与灌区管理积极性，提高农户的节水意识，计划收取超定额水费，超定额水费由灌区农户、机埠放水员和村集体三者协商承担。结合南浔实际，放水员作为机埠灌溉直接管理着，超额水费由其承担，可以促使放水员更好地管理，起到警示作用。超定额水量在一个灌溉周期后进行核算，超定额水价标准按照分档水价执行，超定额水费可直接从放水员工资中扣除。定额水价组成和承担者框图见图4.25。

湖州市南浔区发展改革和经济委员会
湖州市南浔区水利局
文件

浔发改〔2018〕51号

湖州市南浔区发展改革和经济委员会 湖州市南浔区水利局关于印发《南浔区农业用水定额及超定额累进加价制度管理办法（试行）》的通知

各镇（开发区）：

现将《南浔区农业用水定额及超定额累进加价制度管理办法（试行）》印发给你们，请遵照执行。

湖州市南浔区发展改革和经济委员会　湖州市南浔区水利局

2018年9月17日

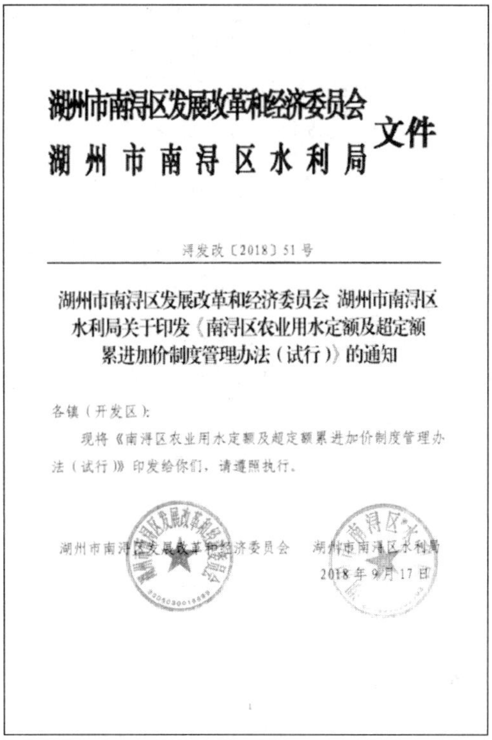

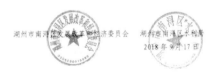

图4.24　南浔区超定额累进加价文件

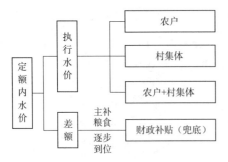

图 4.25 定额水价组成和承担者框图

4.6.2 建立农业用水精准补贴机制

根据国家和省级农业水价综合改革相关文件精神，南浔区建立了与种养结构、节水成效、财力状况相匹配的农业用水精准补贴机制，着力解决工程运行维护经费不足的问题。

4.6.2.1 补贴的对象、程序及形式

（1）补贴对象。根据南浔区农业水价改革终端管理方案，村集体为灌区管理的责任主体。因此，精准补贴对象为村集体，优先补助种粮区，补贴资金主要用于灌区内农田水利设施运行管护。

（2）补贴程序。南浔区根据各乡镇农田水利维修养护水平的考核结果，综合评定各镇（区）的农业水价考核结果为优秀、良好、合格、不合格四个等级，分别按照补助标准的 1.2 倍、1.1 倍、1.0 倍和 0.9 倍来确定各镇（区）精准补贴资金。补贴资金经公示后由水利、财政联合发文下发至镇（区）。各镇（区）参照区里考核办法，逐级将补贴资金发放到村级。精准补贴资金在发放过程中，实行公开公示制度，及时将考核结果、资金补贴标准等向社会公布，接受社会监督。精准补贴资金发放流程图见图 4.26。

（3）补贴形式。农业用水精准补贴主要为定额内用水成本的补贴，补贴形式以直接资金补助为主，其他考核奖励（如年终综合考核加分、优先安排项目等方式）为辅，激发各级参与农业水价综合改革的积极性。

4.6.2.2 补贴金额、经费来源和资金管理

（1）补贴金额。根据农业水价改革相关精神，为促进农户种粮积极性，稳定粮食生产，结合南浔区财力实际情况，安排

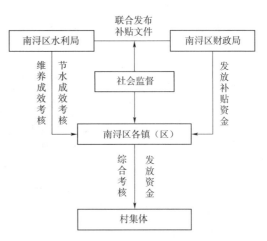

图 4.26 精准补贴资金发放流程图

15 元/亩补助标准，补助全区粮食（水稻）生产区，差额以后逐步到位；蔬菜、苗木、养殖业等自身收益高，暂不考虑补助。

（2）经费来源和资金管理。农业水价改革补贴资金主要来源于财政，补贴后不足部分，由镇、村各级政府自筹，逐渐形成定额补助、逐年到位的良性循环。为规范水价改革用水精准补贴操作，南浔区出台了《南浔区农业水价综合改革精准补贴和节水奖励办法（试行）》，内容应包括补贴的对象、程序及形式，补贴的金额、经费来源及资金管理办法，确保农业用水精准补贴原则上用于末级渠系工程的维修养护。各级政府强化财务管理，健全财务制度，镇（区）、村级财务设立"农业水价综合改革专目"，做到专款专用，财务人员做到账目清楚，每年编制年度财务预算计划和年终财务结算报告。

4.6.3 建立农业节水奖励机制

在农业用水总量控制和定额管理的基础上，南浔区建立农业节水奖励机制，对采取节水措施或用水集约管理的机埠放水员、农民用水合作组织、种植大户等给予奖励，提高主动节水的积极性。

1. 奖励对象

实行"一把锄头放水"，放水员是节约用水的关键。南浔区结合实际，节水奖励主要对象为机埠放水员。

2. 奖励标准

放水员负责泵站的节水量，按照定额管理要求与量水设施计量所得用水量的差额确定，根据节水比例划分不同档次，给予放水员奖励。其中抛荒、未正常灌溉等非节水因素减少的用水量不列入节水奖励范围，奖励计算方法如下：

$$奖励资金 = 奖励标准 \times 管理面积$$

结合南浔区实际，节水档次分为三档，节水奖励标准分为 1 元/亩、3 元/亩、5 元/亩，见表 4.14。

表 4.14   南浔区节水奖励标准

阶梯节水量	节水档次	奖励标准/（元/亩）
定额 10% 以内（含 10%）	1 档	1
定额 10%～20%（含 20%）	2 档	3
定额 20% 以上	3 档	5

3. 奖励程序

实行"先核算后奖励"的方式，灌溉季结束后，通过计量设施及电量数据，核算各泵站实际用水量，对照不同种植结构确定的综合灌溉定额计算各泵站节水量，根据对应的节水档次，制定节水奖励方案。经区水利局审核通过后，与区财政局联合发文，划拨资金，根据考核结果逐级下发到放水员。

4. 经费来源和资金管理

农业水价综合改革节水奖励资金主要来源于区财政。为进一步规范节水奖励操作办法，区水利局和区财政局联合出台了《南浔区农业水价综合改革精准补贴和节水奖励办法（试行）》，稳定节水奖励资金来源，规范节水奖励标准、奖励流程、资金管理等内容。节水奖励资金发放，列入各级"农业水价综合改革专账"的节水奖励子项中，逐级划拨至村级，机埠放水员签字认领，签字作为支付凭证留档。

节水奖励资金发放流程图如图 4.27 所示。

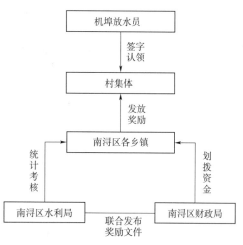

图 4.27   节水奖励资金发放流程图

4.6.4　建立分级管理考核机制

南浔农业水价综合改革考核机制坚持政策导向为主、考核为辅。分级、分类考核相结合，评价结果纳入粮食安全考核、最严格水资源管理考核、乡镇年度综合考核等。

4.6.4.1　考评方式

南浔农业水价综合改革考评办法采用线上、线下结合方式进行。

线上开发"南浔区农业水价综合改革信息化管理与考核系统"（见图 4.28），实现农业水价综合改革工作的全过程管理。

图 4.28　南浔区农业水价综合改革信息化管理与考核系统登录界面

该系统主要面向农业水价改革管理进行开发，主要功能如下。

（1）支持村级泵站灌区的有效灌溉面积、种植结构、工程状况、计量设施、管理人员等基础信息管理。

（2）支持村级泵站灌区农业灌溉用水（用电）数据实时采集与存储，以及历史数据统计挖掘。

（3）支持后台计算分析村级各泵站灌区理论用水定额标准，并根据年度实际水文气象参数修正获得考核用水定额标准。

（4）支持村级泵站灌区超定额用水的预警功能，并可发送短信进行提醒。

（5）支持与农业节水成效相挂钩的精准补贴经费额度的测算分析。

（6）支持村级农业节水奖励经费测算分析。

（7）支持灌溉用水相关工作台账的建立。

（8）支持对各行政村工程管护情况的考核评价。

（9）支持移动端的功能实现，实现对村级用户的实时用水情况查看、超定额用水提醒等功能。

（10）支持工程维养水平考核情况储存与公示。

线下出台了《南浔区农业水价综合改革工作考核办法（试行）》（见图 4.29），建立考核结果与精准补贴、节水奖励挂钩的评价办法，内容包括考核对象、考核方式、考评结果以及考核奖励等，实现区、镇、村（放水员）分级，作物分类考核。

4.6.4.2　考核流程

南浔区农业水价综合改革考核流程图如图 4.30 所示。

图 4.29 《南浔区农业水价综合改革工作考核办法（试行）》

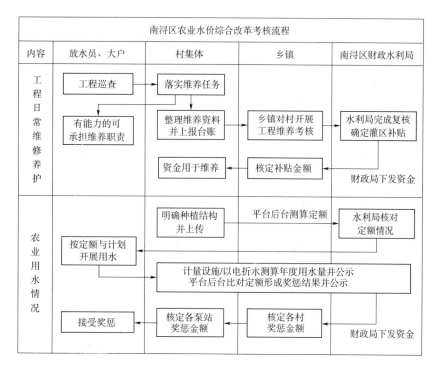

图 4.30 南浔区农业水价综合改革考核流程图

4.7　改革经验及成效总结

2017 年以来，南浔区勇挑省级改革试点重担、积极当好开路先锋，农业水价综合改革成效突出、示范效应明显。2018 年 5 月，作为浙江省农业水价综合改革第二批试点县顺利通过国家发展改革委、财政部、水利部和农业农村部等四部委检查组联合督查，相关做法被给予充分肯定。2019 年，成功创建浙江省农业水价综合改革示范县，绩效评价名列全省第一，改革经验入选国家发展改革委、水利部等四部委组织评选的全国 21 个改革典型案例。2020 年，经组织验收，南浔区成为全国第一个通过农业水价综合改革验收的县级行政区，绩效评价再次名列全省第一。

4.7.1　改革经验

南浔区从试点探索到全域推广农业水价综合改革，改革范围覆盖全市有效灌溉面积，其改革经验可总结为以下三点。

4.7.1.1　围绕"两大目标"，锐意推进改革

自 2017 年被确定为浙江省第二批农业水价综合改革试点以来，南浔区政府高度重视，紧紧牵住农业水价综合改革这个"牛鼻子"，统一思想，联系实际，虚功实做，明确了两大改革目标：①加强农田水利管护。农田水利"三分建，七分管"。通过改革，做实农田水利"建管并重"，保障工程长效良性运行。②促进农业节水减排。贯彻落实"节水优先"方针，践行生态文明理念。通过改革，巩固全区"五水共治"成果，助推乡村振兴，让南浔区焕发"水晶晶"的江南水乡风韵。围绕"两大目标"，区政府印发《全面推进农业水价综合改革工作指导意见》和《湖州市南浔区农业水价综合改革实施方案》，制定了《镇级农业水价综合改革实施方案》，以镇为单元，一村一方案，确保改革工作落到实处。

4.7.1.2　健全"四项机制"，奠定改革基础

1. 建立完善农业水价形成机制，算清管护账、用水账

组织测算水稻、经济作物、苗木、养殖等农业灌溉用水水价，水价由运行维护费用、管护人工费及灌溉公共费用等主项组成。区发展改革委、水利部门制定了水价价格核定、成本监审、农业用水定额及超定额累进加价制度等 8 项制度。在潜移默化中促进用水主体形成农业灌溉用水成本意识。

2. 建立完善精准补贴和节水奖励机制，做到管护有钱、节水有奖

区水利局、财政局印发了《农业水价综合改革精准补贴和节水奖励办法》，按照考评结果，对粮食作物种植区实行差别化补贴：考核优秀的补贴 15 元/亩、良好的补贴 13 元/亩、合格的补贴 10 元/亩、不合格的不补贴。补贴对象主要为粮食作物种植区所在的村股份经济合作社，精准补贴资金优先用于小型农田水利工程维修养护，一定程度上减轻了基层用水组织的经济负担。

按照实际用水量与控制定额的差额，对放水员进行奖励：超定额用水，不予奖励；节水比例在定额 10% 以内，奖励 1 元/亩；在定额 10%～20%，奖励 3 元/亩；20% 以上，奖励 5 元/亩。奖励程序按照行政村各灌区基础数据采集、村级组织公示与申报、乡镇审查上报和区级有关部门核准与拨付资金等。奖励对象为机埠放水员，激励放水员严格按照

作物用水需求量放水，惜水节水。

3. 建立完善工程管护机制，明确"管护权"，落实"管护人"

南浔区政府印发了《南浔区小型农田水利设施确权发证办法（试行）》等文件，所有工程完工验收后，测绘界线位置，经公示无异议后，由区政府确权发证，所有权人是村股份经济合作社。同时，根据国家九部委关于农村资产清产核资要求，完成对全区机埠、渠道等农田水利工程的清产核资工作。

边探索边总结，先后印发《南浔区灌排渠系泵站维修养护制度》《南浔区灌区放水管理制度》等多项制度，建立健全终端管理组织章程制度。将农业水价综合改革工作纳入区对乡镇年度综合考核。考核工作实行"两线并举"，线上开发"南浔区农业水价综合改革信息化管理与考核系统"，线下制定印发《南浔区农业水价综合改革工作考核办法（试行）》，实行区-镇-村三级线上监控，线下终评，督促各级管护主体做好运维工作。

4. 建立完善用水管理机制，实行总量控制、定额管理

结合最严格水资源管理制度，实行农业用水总量控制，按照各行政村播种面积和种植结构，将农业灌溉用水总量指标分解至行政村及机埠灌区。根据当年最新农业数据，完善粮食作物、稻虾共生、果蔬、苗木及养殖的用水定额，合理制定节水"杠子"。

4.7.1.3 做实"八个一"，确保改革成效

1. 一个"实体化"用水组织

（1）用水组织全覆盖。全区有改革任务的 179 个行政村均成立了用水管理小组，下设放水管理组和设备维养组，由村主任担任组长，主要成员包括村级水利员、放水员、维修员。同时专门设立改革办公室，用水管理小组不定期召开会议，商议落实农业水价综合改革工作。善琏镇平乐村入选 2018 年全国农民用水合作示范组织，为浙江省首家。双林镇箍桶兜村入选 2020 年全国农民用水合作示范组织。

（2）避免组织空壳化。全面推行管护人员实名制管理，开展"三个一"动态监管：①一本上岗培训证。年初举办全区泵站（机埠）运行管理人员培训班，经业务知识考核和实际操作能力测试合格后，颁发新人员上岗证，熟练工继续教育证，并对管护员登记备案造册，目前全区共有 678 名管护员持证上岗。②一次技能大比拼。每年年初全区开展一次机埠操作技能比赛，以镇（开发区）为单位选派人员参赛，改革期间有近百人参与活动中，其中 4 人获"操作标兵"、16 人获"操作能手"、20 人获"操作好手"。③一次明察暗访。每年结合防汛安全大检查、三服务等，开展机埠管理人员岗位履职随机抽查，对极个别管理人员工作不到位予以直面指正，对屡教不改的个人管理员予以淘汰。

2. 一本"资产化"产权证书

（1）有序发证建台账。召开全区确权发证大会，向已明晰产权的工程所有者颁发产权证书，载明工程位置、功能、管理与保护范围、设施产权所有者及类型、数量等基本信息，建立工程产权台账。全区 1596 座机埠、325 座闸站（水闸）、4500km 渠道已确权并发证到村股份经济合作社，且每年实施动态管理。

（2）试行产权合理补偿和经营权流转政策。根据南浔区相关文件精神，在农村水系综合整治水系连通工作中，对农田水利设施实行同向同步整治，形成整体形象，对土地综合整治、水系综合整治中拆除的农田水利设施合法合理给予补偿。同时，研究制订了《南浔

区农村综合产权流转交易管理办法（试行）》，初步建立小型水利工程产权交易和管理权流转体系，将小型水利工程产权交易纳入公共资源交易中心，积极探索受益农户、专业合作社、受益企业等为管护主体的多种管理权、经营权流转形式。

3. 一笔"常态化"管护经费

（1）核定成本水价。通过对全区农业灌溉用水成本测算和水价核定，灌溉供水成本水价分别为：粮食作物渠道灌溉水价为 0.062 元/m³、管道灌溉水价为 0.079 元/m³；经济作物灌溉水价 0.226 元/m³；养殖业灌溉水价 0.056 元/m³。

（2）实行补贴奖励。村级用水管理组织通过"一事一议"确定当年度农田水利设施维修养护计划和经费安排。维修养护费用由管水组织按实际支出，区财政根据年度绩效考核结果进行奖补。2017—2020 年农业水价综合改革项目各级补助资金累计 1285.7 万元。四年累计精准补贴 524.26 万元，节水奖励 368.46 万元，每年按时发放到位。为确保每笔资金的合法合规使用，2019 年开展了行政村-镇级-区级专项资金总体审计，确保专款专用。区财政实行精准补贴政策，切实减轻了村级管护经费压力，有效激发了管护积极性。

4. 一套"标准化"规章制度

（1）政策宣传发动。开通农业水价综合改革专题微信专栏，发布农业水价综合改革的政策机制和工作动态；以宣传图册、折页等手段，宣传农业水价综合改革的目标和政策，普及农业节水和农田水利的知识，提高民众对农业水价改革的认同感与参与度。自改革以来，全区共开展各类培训 36 次，3000 余人参加培训，横向到边，纵向到底，不断提高各级水价改革管理者业务能力，推进改革工作不断深入。

（2）建章立制抓执行。统一制度办法。建立健全村级用水管理组织章程、放水员和维修养护人员管理制度、奖补资金使用管理等制度。制定村级灌溉放水、田间工程维修养护等运行维护管理制度和办法。统一标识标牌。改革行政村主入口处设立农业水价综合改革宣传牌，从区-镇-行政村三级简介农业水价综合改革进展成效；用水管理组织办公室各项管理制度上墙公示。机埠内相关铭牌标牌上墙，如村级改革落实公示牌、管理人员责任牌、泵站计量装置标识牌、机埠操作运行规程、管理人员值班制度等。

5. 一册"电子化"管护台账

（1）改革台账齐全。所有灌溉机埠统一定制《放水记录本》，悬挂机埠室内，每次灌溉随手记录，记录要素为开泵时间、关泵时间、灌/排。《维修养护记录本》则存放于改革办公室，主要对每次小型水利设施维修情况记录。资金实行报账制，精准补贴资金发放必须附带发票，各类维修养护支出都记录在案，节水奖励资金通过"一卡通"直接发放到放水员。每年由区级汇总收编镇级、村级纸质台账归档，保证改革基础资料和成果实现年度更新。

（2）建立改革月报年报制。在农业水价综合改革信息化管理与考核系统平台上，按照"区-镇（开发区）-行政村-机埠灌区"改革实况随时查询相应信息。建立农业水价综合改革月报制及时通报改革实况，每年年底编制《农业水价综合改革年报》，总结当年度改革成效和存在的问题。

6. 一条"指标化"节水杠子

（1）农业用水定额管理。明确主要作物用水定额，如单季稻渠道灌溉 870m³/亩、管道灌溉 760m³/亩、蔬菜（普通蔬菜-茭白轮作）230～1400m³/亩、苗木 100m³/亩、养殖业（家鱼、虾蟹）1000～4000m³/亩，再根据行政村灌区实际种植结构，测算出年度用水量和亩均用水量。同时建立"节奖超罚"机制等手段，加强节水管理。

（2）用水指标分解到村。将农业用水总量控制指标细化分解到各镇（开发区），镇（开发区）再次量化至改革行政村，最后落地在机埠（灌区），通过实行农业用水定量管理，真正让节水效果看得见、摸得着。

7．一种"准确化"计量方法

（1）典型计量核算灌排比例。南浔区有别于其他地区，机埠大部分为灌排一体，科学布局计量，合理安装计量装置，全区 10 个镇选定 19 片典型灌区 44 座机埠安装了 56 套自动化计量设施开展计量，通过计量数据和"以电折水"结果分析不同区域灌排比例，为核算机埠灌溉用水提供基础数据。

（2）计量设施全面覆盖。全区 1596 座灌溉机埠全部采用"以电折水"实现农业用水"全计量"，通过"典型计量＋面上电量"的方式实现全区用水量核算。通过系统平台统计分析全区农业灌溉用水量现状，及时排查解决计量设施运行异常问题，提高数据真实性、准确性。

8．一把"自治化"锄头放水

（1）发挥放水员关键作用。实行放水员灌溉管理责任制，具体做好水量控制、清淤养护、维修需求上报等工作。借助信息化平台这把"电子锄头"，协调不同作物种植户的用水需求时段和控制用水量，维护用水秩序，实现从"大水漫灌"向"精准灌溉"转变。

（2）实施放水员激励管理。经常性组织放水员开展灌溉管护培训交流，通过村级"六老"（老党员、老干部、老乡贤、老工匠、老队长、老水电）监管、镇级经常性指导、区级不定期抽查的三级联动机制，提高管护人员工作责任与能力。2018 年 1092 座机埠放水员节水有奖，占 67%，人均奖励 867.6 元；2019 年 1133 座机埠放水员节水有奖，占 71%，人均奖励 1315.2 元。2020 年 999 座机埠放水员节水有奖，占 62.4%，人均奖励 1248.8 元。

4.7.2　改革成效

1．助力现代农业

实施农业水价综合改革以来，有力推进了农业智能化微灌工程等高效节水灌溉项目建设及水稻田薄露灌溉技术等应用，全区农田灌溉有效利用系数由原来的 0.628 提高到 0.633，低压管道灌溉有效利用系数 0.9 以上，灌溉水利用率明显增强。同时，促进了家庭农场等新型主体农业节水意识的提高、节水技术的应用，如练市镇召林村飞杰家庭农场充分循环用水，采用鸭子产生的污水肥藕田、养泥鳅，净化后再微灌大棚瓜果蔬菜，让每滴水流过的地方都产出效益，仅小番茄棚产量就提高 30% 左右、亩均产值达 7 万余元。同时，通过小番茄深加工提高附加值，有效地带动周边农民共同致富。

2．助力降费增效

据初步统计，通过农业水价综合改革，南浔区灌区用水量有效减少，灌溉费用下降 10%～15%。如善琏镇平乐村试点面积 1810 亩，通过改革，2018 年节约用水 44.2 万 m³，节水率 32%，运行成本从 62.4 元/亩下降到 56 元/亩，有效减轻了村集体和农民用水负担。2019 年，善琏镇平乐村节约用水 91.06 万 m^3，节水率 31%。2020 年，善琏镇平乐村节约用水 49 万 m^3，节水率 26%。同时，2018—2020 年，该村得到精准补贴资金 6 万元、节水奖励资金 2.7 万元，有效弥补了日常运行管理经费的不足，切实减轻了农村和农民负担。

3. 助力"五水共治"

2018—2020 年，全区年均农业灌溉节水比例 13%，约 1.17 亿 m^3；提水节电 10%，约 200 万元；减排氨氮 30%（约 12t）、总氮 10%（约 15t）、COD 20%（约 550t）。农业水价综合改革的推进，有效节约了灌溉用水用电，消减了农业面源污染，为贯彻落实"节水优先"方针，深入推进"五水共治"作出了重要贡献。

4. 助力美丽乡村

通过农业水价综合改革，有效改善农田水利基础设施，建成了一大批高效优美家庭农场与美丽田野，涌现出了石淙镇田园花海等一批省级"最美田园"。通过养殖业农业水价改革工作，开展水产养殖尾水集约化治理，推广"万亩跑道养鱼"循环用水，减少了农业面源污染，农村水生态环境质量得到有效改善，极大地提升了南浔古镇、荻港古村落、善琏湖笔小镇等景区水环境质量。

第5章 南方山丘区农业水价综合改革案例

南方山丘区一般地势起伏较大，水资源相对紧缺，经济条件相对较差；耕地分布总体呈碎片化，区域低丘缓坡资源丰富，具有一定的灌溉发展潜力，也是传统粮食和现代农业重点发展区。以大中型水库为灌溉水源的，一般配套形成大中型自流灌区；以山塘堰坝为灌溉水源的，一般配套形成小型自流灌区。多水源灌溉是南方山丘区灌区的主要特点，"长藤结瓜"灌区类型比较普遍；另外，灌溉水源功能多样性，农业、工业、生活、生态环境用水相互重叠。少数基础比较好的大中型灌区，结合节水配套改造项目收取部分农业水费，其余大部分灌区都未收取水费。对于南方山丘区而言，在推进农业水价综合改革过程中，目前主要存在着终端管理组织不健全、计量设施配套滞后、农田水利运维不到位、节水意识淡薄等问题。本章以地处浙中金衢盆地的浦江县为例，详细介绍农业水价综合改革的具体做法及改革成效。

5.1 基本情况

浦江县位于浙江省中部偏西，金衢盆地的北缘，是钱塘江一级支流——浦阳江、壶源江的发源地。区域总面积907.66km²，地貌特征"七山一水二分田"，属浙西丘陵山区，下辖浦阳、浦南、仙华3个街道，黄宅、岩头第7个镇和虞宅、大畈第5个乡，一共409个行政村和20个社区，2017年常住人口41.97万人。全县耕地面积25.64万亩，有效灌溉面积为20.43万亩，主要种植水稻、葡萄、蔬菜、西瓜、花卉、苗木等作物。浦江县无大型灌区，中型灌区共3个，均为自流引水灌区，其中5万亩以上的重点中型灌区1个、一般中型灌区2个；小型灌区共191个，其中小型提水灌区7个，小型自流灌区184个。通济桥水库灌区是浦江县的重点中型灌区，设计灌溉面积10.71万亩，有效灌溉面积7.78万亩。

经过多年的建设，浦江县已形成了"洪能防、涝能排、旱能灌、水能引"的农田水利工程保障体系。2017年全县节水灌溉面积14.93万亩，灌溉渠道长度583.6km，其中衬砌长度120.8km；管道输水长度25.5km，控制灌溉面积4.59万亩；喷灌面积4800亩。浦江县小型农田水利工程面广量大，分布于全县各地。为确保农田水利工程的安全运行，充分发挥农田水利工程的综合效益，主要采取管理方式如下：①针对量大面广的山塘，组织落实山塘水库巡查制度，聘用专职管理人员380余人，经组织业务技术培训后上岗，对水库、山塘实施专职管理，每年的水利建设计划中安排专项巡查补助经费。②针对中小型灌区，按统一管理、分级负责的原则进行管理，一般干渠由工程管理单位进行管理，支渠及以下由有关乡镇、村管理，实行分段包干使用，包维修、清淤，包放水、收水费；其中通济桥水库灌区由通济桥水库灌区管理处管理，下设渠道管理站，主要管理骨干渠道，灌区的支、斗、农渠是灌区的配套工程，由属地乡镇管理。

浦江农业灌溉用水基本实行分级管理，调度一盘棋。县域大部分灌片属于通济桥灌区范围，由通济桥水库灌区管理处管理，灌区用水管理调度由渠道管理站根据供需水情况协调调配。现状已成立三个农民用水户协会，除一个管理效果较好，其他存在成员结构老龄化、覆盖面不广、经费不到位等问题，基本名存实亡。小型灌区的农业用水为农业大户或散户自行管理，管理较为粗放。2004 年财政转移支付前，浦江县自流灌溉水价为粮食作物 5 元/亩、经济作物 6 元/亩，动力提水灌溉水价为粮食作物 3 元/亩、经济作物 3.6 元/亩。水库管理处根据受益村田亩面积，将水费落实到乡镇，由乡镇落实到村，村落实到户，乡镇干部催收，年底水库管理处和各乡镇结算。水费的 65％交渠道管理总站，30％留乡镇作为渠道清淤及支渠维修费用，5％交水务局作为管理费。2004 年以后，农业水费实行财政转移支付，县政府每年安排 30 万元，分别补助给通济桥水库灌区管理处和西水东调管理处，专款专用于工程设施的管理和维护。但实际中，财政转移部分年份不能足额到位。由村集体主组织投劳或出资统筹末级渠系维修养护，还处于被动维养，不能良性运行。

5.2 现状问题及必要性

5.2.1 现状问题分析

通过小农水重点县（项目县）等一系列项目建设，结合水利工程标准化建设、农田水利产权制度改革等改革措施，浦江县农田水利建设和管理取得了显著的成绩，不仅改善了农业生产条件，也为农业水价综合改革奠定了较好的基础。但由于管理投入不够和管理水平限制等原因，农田水利基础设施仍有提档升级的空间，农田水利"最后一公里"的运行维护方面还存在管理职责不明确、人员素质不高、管理水平较低、缺乏有效激励机制、农户节水意识不强等问题。具体表现如下。

5.2.1.1 终端用水管理组织不健全

浦江县的小型农田水利设施点多、面广、量大，多由村集体统管统包为主，农户（协会）参与管理为辅。村集体方面，由于村级集体工作任务面广量大，加之村级经济普遍薄弱，灌溉管理和设施养护往往得不到足够的重视和保障，受益村集体参与田间管理程度较低。调查发现大多数村集体则面临人员职责不明确、管护经费不足、人员素质不高等问题，造成末级渠系灌溉水利用率较低，水量浪费损失严重，情况不甚乐观。另外，随着社会经济的发展，农业相对其他行业效益不高，导致农户参与末级农田水利设施管护的积极性不高，农户"只用不管"现象普遍。与此同时，农民用水合作组织建设也相对滞后，实地调查了解到协会管理水平普遍不高，管理人员年龄层次偏大，缺乏规范用水管理的专业技能和管理意识，不能充分发挥农民用水协会作用。再加之缺乏科学、完善的长效管护机制和办法，造成建管脱节，使很大部分水利工程陷入管理组织不健全、管理职责落实不到位的困境。

5.2.1.2 末级渠系管护不到位

免收农业水费后，现状田间末级水利工程运行管护经费一部分由县水务局以项目的形式安排，另一部分由乡镇从每年的财政资金中统筹安排。无论是水务局"以建代养"模式还是乡镇安排统筹财政资金，都存在经费不稳定的问题，导致农田水利"最后一公里"维护不到位。末级渠系局部渗漏、底部淤积、配套建筑物损坏等问题（见图5.1）时有发生。部分渠段上游淤积堵塞，导致灌区末端无法及时供水，渠系输水效率低、灌溉保障程度差。

(a) 末级建筑物 　　　　　　　(b) 末级渠系

图 5.1　部分末级建筑物和渠系管护现状

5.2.1.3　计量设施配套不足

浦江为典型山丘区地貌，灌区多水源情况普遍，这为农业灌溉用水计量增加了难度。近年来通过中型灌区节水配套改造项目、小农水重点县等项目的实施，浦江县灌区骨干工程状况总体有较大改观，但上述项目前期规划对灌区用水计量的要求考虑不足，渠系末端计量设施建设总体滞后，特别是支渠及以下分水与配水口，除了国家水资源监控能力二期建设项目县域农田灌溉水有效利用系数测算建设了部分量水设施外，其他区域基本没有，远远达不到当前水价改革的需要。由于不能满足用水计量要求，定额管理不能得到有效推广应用，精准补贴、节水奖励等制度措施难以实现，农业水价综合改革效果难以体现。

5.2.1.4　缺乏有效激励机制

浦江县灌区骨干工程实施农业水价财政转移支付制度，由财政将农业水费直接支付给水管单位，末级渠系日常管护经费普遍由水利项目和属地村集体自筹解决，农民不交水费或只承担部分提水电费，形成"政府供水、农民种田"的局面，缺乏有效的节水补偿机制和激励机制，难以调动灌区农户主动节水的意识与积极性。

5.2.2　改革必要性分析

农业水价综合改革，是发挥水利工程社会经济效益、推进农村事业长效发展、促进水资源可持续开发利用的战略性举措。

（1）有利于加强终端用水管理，确保粮食生产安全。稳定粮食生产、增加种粮收入，保障粮食安全和农民利益，有利于经济安全、社会安定。近年来，浦江县重视水利工作，农田水利设施呈现良好发展势头，已基本解决了农业灌溉用水问题，但工程的建后管护却存在较大问题。通过建立农业水价形成机制、节水奖励机制、精准补贴机制等加强终端用水管理，辅助以节水灌溉技术推广，可以有效促进农田水利效益发挥，对提升地区粮食生产能力，保障全县粮食生产安全稳定具有积极推进作用。

（2）有利于稳定管护经费及人员，保障末级渠系工程良性运行。浦江县末级渠系建设经费虽然有一定来源，但经费与良性运行存在差距，导致部分渠系和渠系建筑物存在破损、维养不到位等现象。通过水价综合改革，稳定末级渠系运行管护资金来源，工程管护"定员、定职、定责"，维修养护补贴的精准计算与落实，田间工程衬砌率较低、维修不及时、配套不完善等问题将得到有效解决。这对保障末级灌溉工程良性运行具有重要作用，对提高灌溉服务质量也有重要的作用，最终使农户受益。

（3）有利于倒逼农田水利快速转型，促进节水减排有效推行。浦江县田间作物主要是水稻、葡萄、蔬菜等。虽然全县在大力推行高效节水灌溉，但灌溉方式还是漫灌居多，用水管理粗放，水资源浪费比较严重。在传统的灌排模式下，既浪费了水，又对下游水体造成污染，加剧了水环境的恶化。因此，通过水价改革，完善田间量水设施，实行农业用水定额管理，改进灌溉方式，倒逼农田水利快速转型，树立节水就是减排的意识，推广节水减排技术，合理发展"绿色经济、生态农业、循环经济"，改善农村生态环境。

（4）有利于优化配置不同行业用水，充分发挥水资源价值。浦江县经济的持续、快速、健康发展，都离不开水资源的支撑。特别是通济桥水库和金坑岭水库，不仅承担了全县大部分耕地面积的农业灌溉功能，还兼有生活供水、生态供水任务。通过农业水价综合改革，统筹考虑全县用水量、生产效益、区域发展政策等，合理确定不同行业、不同区域用水价格。在保证农业正常用水的基础上优化水资源配置，推行农业节水跨区域、跨行业有偿转让。这不仅可以增加管水机构效益，还可通过农业节水收益反哺农业，提高农业节水积极性，从而充分发挥水资源的价值。

5.3　改革目标与路径

5.3.1　改革目标

通过农业水价综合改革，着力解决农田水利工程管护不到位、农户节水意识淡薄的突出问题，促进农业用水效率提升，维护农田水利工程良性运行。

（1）在夯实农田水利基础设施方面，进一步完善农田水利工程设施，典型灌区计量设施设备配套到位，满足农业水价综合改革用水管理和计量要求。

（2）在完善终端用水管理方面，建立终端用水管理组织，落实工程管护责任，提高农田水利管理能力，实现农田水利工程维修养护良性循环，基本实行农业用水定额管理，明显提高农民群众节水意识。

（3）在建立改革机制方面，初步建立科学合理的农业水价形成机制，农业用水价格基本达到工程运维成本水平；建立农业用水精准补贴机制、农业节水奖励机制和综合管理考核机制，基本实现农田水利工程的良性运行。

5.3.2 改革路径

按照 2020 年完成所有改革任务的要求，结合浦江县农田水利建设和管理现状，确定改革路径如下。

5.3.2.1 工程设施改造

（1）完善农田水利基础设施。对灌区末级渠系进行提升改造，为农业水价综合改革夯实基础。

（2）配套供水计量设施。典型自流灌区渠首、分水口等位置安装合适的量水设施，实现典型自流灌区的灌溉用水能够准确计量；面上推广水尺、量水槛、量水堰槽等简便易行、农户接受的计量方式。

（3）大力推广农业节水技术和措施。重视节水设施和技术的推广应用；继续推进高效节水灌溉工程建设，大力推广低压管灌、喷灌、微灌等节水灌溉技术，推广水稻间歇灌溉技术等措施，提高农业用水精细化管理水平。

5.3.2.2 终端管理改革

（1）加强终端用水管理。完善村级用水管理组织和相关管理制度，提高管水能力，扶持创建农民自主管理组织，鼓励农村新型市场主体参与管理，加强计划管理和用水调度，促进节约集约用水。加强相关资金使用管理，自觉接受群众监督。

（2）强化用水定额管理。根据最严格水资源管理制度，科学核定农业用水总量。参照省农业用水定额地方标准，合理制定农业用水分类定额，保障不同类型主体的合理用水需求。

（3）加强工程运行管理。结合农田水利工程标准化管理的要求，以建立良性机制为目标，抓好运维管理，发挥工程长久效益。

5.3.2.3 管理机制创新

（1）农业水价形成机制。核算灌区农业用水价格，基本达到运维成本水平；制定分类、分档水价；加强农业用水定额管理，积极试行超定额累进加价制度。

（2）农业用水精准补贴机制。建立与节水成效、财力状况相适应的农业用水精准补贴机制，出台精准补贴办法，明确补贴对象、方式、标准、程序，资金使用管理要求等。

（3）农业节水奖励机制。建立农业节水奖励机制，出台节水奖励办法，建立健全放水员节水绩效奖惩制度。

（4）农业水价综合改革考核制度。建立节水成效、农田水利设施维修养护效果与补贴资金相关联的考核制度，加强补贴资金和节水奖励资金管理。

5.4 工程设施改造

5.4.1 农田水利设施改造

5.4.1.1 改造原则

结合县级农田水利"十三五"规划，统筹安排改革期间的农田水利建设任务。总体原则有如下三点。

（1）边改边建。优先改造典型灌区内的农田水利工程，发挥示范引领作用。

（2）提档升级。结合农田水利提档升级谋划改造任务，以灌区标准化管理、小型农田水利重点市（项目县）、高效节水"四个百万工程"为重点，进一步完善田间末级渠系灌排设施。

（3）量力而行。根据上级财政补助资金情况和县级财政承受能力，量力而行，合理确定工程改造内容。

5.4.1.2　建设标准

根据《灌区规划规范》（GB/T 50509—2009）、《节水灌溉工程技术规范》（GB/T 50363—2006）、《渠道防渗工程技术规范》（GB/T 50600—2010）、《喷灌工程技术规范》（GB/T 50085—2007）、《微灌工程技术规范》（GB/T 50485—2009）、《粮田和菜地水利基础设施建设技术规范》（DB 31/T 469—2009）、《灌溉渠道系统量水规范》（GB/T 21303—2015）、《浙江省粮食生产功能区、现代农业园区农田水利建设标准（试行）》等规范，结合浦江当前的经济实力与技术条件，灌区工程建设标准确定如下。

（1）灌溉设计保证率：不低于 90%。

（2）灌溉水利用系数：水稻区块灌溉水利用系数不低于 0.6，高效节水灌溉区块灌溉水利用系数不低于 0.8。

（3）排涝标准：改造后的灌区排涝标准为旱作区 10 年一遇 1d 暴雨 1d 排至田面无积水，水稻区 10 年一遇 1d 暴雨 2d 排至耐淹水深。

（4）工程使用年限 15 年。

5.4.1.3　改造内容

结合农田水利"十三五"规划安排至 2020 年，整治山塘 161 座，实施堰坝改造 67 条，灌溉泵站 28 处。实施灌溉渠道防渗改造 137.22km，渠系建筑物配套改造 101 处，增加高效节水灌溉面积 0.78 万亩，整治农田灌排河道 37.41km，详见表 5.1。

表 5.1　　　　　　　　　　农田水利改造规划汇总表

工程类型		单位	数量	总投资/万元
山塘		座	161	9955
堰坝		座	67	1163
灌溉泵站		座	28	540
灌排渠道防渗改造		km	137.22	1509
渠系建筑物改造		座	101	3300
高效节水灌溉	喷灌工程	亩	5400	1620
	微灌工程	亩	2370	522
农田灌排河道整治		km	37.41	2995
总计				21604

浦江县典型农田水利工程（山塘和堰坝）改造前后对比见图 5.2 和图 5.3。

（a₁）缸后弄山塘改造前

（a₂）缸后弄山塘改造后

（b₁）外罗村堰坝改造前

（b₂）外罗村堰坝改造后

图 5.2　浦江县典型农田水利工程（山塘和堰坝）改造前后对比图

（a₁）彭村泵站改造前

（a₂）彭村泵站改造后

（b₁）72 线干渠改造前

（b₂）72 线干渠改造后

图 5.3（一）　浦江县典型农田水利工程（泵站、灌排渠道和河渠）改造前后对比图

　　（c_1）大坎村灌排河渠改造前　　　　　　　（c_2）大坎村灌排河渠改造后

图 5.3（二）　浦江县典型农田水利工程（泵站、灌排渠道和河渠）改造前后对比图

5.4.2　计量设施配套

5.4.2.1　建设原则

　　计量设施是农业用水实行"总量控制、定额管理"的重要抓手，监测用水情况也是后期奖补的依据之一。结合县域实际，计量设施配套应坚持以下原则。

　　（1）以点代面，形式多样。由于灌溉条件复杂，采用以点代面的方法，乡镇典型灌区（片）代表乡镇管护和用水管理水平，村级量水点代表村级管护和用水管理水平。点上采用自动化计量或人工记录观测模式，面上统计总量或根据周边量水点推算。

　　（2）首部控制，计量到片。宜在自流水源处、水泵或水泵出水明渠（管道）开展监测，尽量避免其他非农田灌溉用水影响。

　　（3）简便易行，精度合理。田间计量方法应尽量简单实用，操作方便，计量设施建设费用不宜太高，后期数据获取和维护尽量简单。由于野外现场条件限制，不过分追求精度。

5.4.2.2　典型灌片计量方案

　　结合县域实际，典型灌区（片）中的渠道量水采用超声波水位计量水，大管径管道选用超声波流量计量水（见图 5.4），喷灌、滴灌等高效节水灌溉区块小管径管道选用远传水表（见图 5.5）。

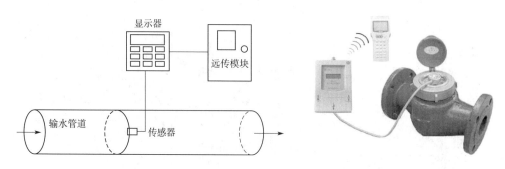

　　　图 5.4　超声波流量计量水示意图　　　　　　　图 5.5　远传水表

　　由于部分典型灌区为第一批试点区域或农田系数测算区域，已配套量水设施，此次农

业水价综合改革典型灌区（片）共需建设计量设施：超声波流量计5套、超声波水位计26套、远传水表1套，汇总于表5.2。

表 5.2 典型灌区（片）计量设施建设方案

分 区	序号	乡 镇	灌区（片）名称	超声波流量计/套	超声波水位计/套	远传水表/套
东部盆地	1	浦南街道	三村试点灌片		2016年试点改革已建	
	2	浦阳街道	金氏农业基地灌片		3	1
	3	仙华街道	仙华典型灌片		2	
	4	黄宅镇	曹街、蒋才文联片	3		
	5	白马镇	霞岩提水灌区	1		
	6	白马镇	深山水库灌区	结合农田系数测算工作已建		
	7	白马镇	塘里村灌片		2	
	8	郑家坞镇	余郭村灌片		2	
	9	郑宅镇	孝门灌片		2	
	10	岩头镇	合丰、姓应联片		2	
西部山区（Ⅱ区）	11	杭坪镇	杭坪基本农田典型灌片		3	
	12	杭坪镇	杭坪子江堰灌片	结合农田系数测算工作已建		
	13	檀溪镇	洪山村灌片		2	
	14	中余乡	冷坞灌片		2	
	15	虞宅乡	先锋灌片	1		
	16	花桥乡	花桥村灌片		2	
	17	前吴乡	罗塘村灌片		2	
	18	大畈乡	清溪灌片		2	
合计				5	26	1

5.4.2.3 全县面上计量方案

全县现辖3个街道、7个镇、5个乡，共有409个行政村。为方便用水计量和考核管理，计划以行政村为单位，除了已设有典型灌区（片）单独量水设施的19行政村以外，另外390个行政村选择具有代表性的区域安装一处量水设施，由放水员控制计量灌溉面积，代表全村用水管理水平，满足用水计量考核。考虑到全县面上一次性建设自动化计量设施到村，财政压力很大，并且后期维修养护人力、财力消耗较大，不符合县域实际。经研究比选，村级量水主要采用"标准断面＋水尺"人工观测记录法，部分村有单独灌溉泵站的可以安装电表采用"以电折水"换算法。"标准断面＋水尺"安装时需要选择渠道顺直段，在渠道壁上安装带刻度的水尺，率定水位与流量关系曲线后，采用人工观测记录水位，灌溉期每天记录水位，再换算成流量，计算累计水量；"以电折水"安装电表后需要率定电量与水量关系，采用人工记录电表读数，灌溉期记录电表读数，换算获得灌溉水量。各乡镇行政村数量、村级量水设施数量统计见表 5.3。

表 5.3　　　　　　　　　全县村级量水设施建设数量统计表

序号	乡镇	行政村数量/个	村级量水设施数量/个
1	浦南街道	27	25
2	浦阳街道	14	13
3	仙华街道	24	23
4	黄宅镇	67	64
5	白马镇	30	28
6	郑家坞镇	18	17
7	郑宅镇	34	33
8	岩头镇	41	41
9	杭坪镇	31	29
10	檀溪镇	29	28
11	中余乡	22	21
12	虞宅乡	19	18
13	花桥乡	18	17
14	前吴乡	18	17
15	大畈乡	17	16
合计		409	390

5.5　终端管理改革

5.5.1　终端用水管理组织建设

5.5.1.1　终端用水管理组织形式

目前全县除浦南街道试点区域在原来"浦南街道三村农民用水户协会"的基础上组建成立"神丽峡农民用水户协会"管理效果较好，其他在 2011 年成立的几个农民用水户协会存在成员结构老龄化、覆盖面不广、经费不到位等问题，已名存实亡，现状全县终端用水管理还是以属地村集体为主。

在维持现有管理模式的前提下，结合农业水价综合改革要求开展终端用水管理改革工作。重点健全村级用水管理组织，着力提升村集体管理能力。浦南街道由"神丽峡农民用

水户协会"管理，管护责任和精准补贴到协会。浦
江县终端用水管理组织框架见图5.6。

1. 积极创建村级管水小组

为保障农业水价综合改革工作的顺利实施，浦
江县在属地村集体管理基础上，组建"村级管水小
组"，作为终端用水管理的主要形式，将辖区内灌
溉用水管理、农田灌排设施巡查管理及日常管护职
责落实至管水小组。

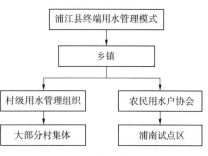

图5.6 浦江县终端用水管理组织框架

（1）管水小组组长（设置1人）：由村分管领
导兼任，负责辖区内农田灌排设施的兴建、维护计划的制订与监督；负责灌溉用水计划的
制订与监督；调解供水纠纷、宣传培训等。

（2）放水员：负责辖区内灌区的用水配水实施、灌溉制度的执行。建议1个村设置
1～2人管理，每个放水员管理300～500亩。

（3）工程维养员：负责灌溉排水设施的修缮和养护，防汛抗旱抢险，及时向管理小组
反映工程状况等。建议1个村设置1～2人管理。

2. 大力扶持现有用水合作组织

对于已成立的农民用水户协会等用水合作组织的乡镇或村，要在资金和技术上大力扶
持，使其成为全县终端用水管理的表率和示范。

（1）完善制度建设。逐步完善用水合作组织章程、水利工程维护检修制度、用水管理
制度、水费计收和使用制度等规章制度。

（2）提升人员素质。对管水员进行科学灌溉培训，让总量控制和定额管理能够落到实
处。加强科技指导，通过组织人员培训，提高业务水平。

（3）加大资金投入。分别从全县年度农田水利建设和维修养护资金、超定额水费和经
营性收入等方面安排一定资金用于用水合作组织建设发展。对服务面积达到一定规模，按
照规定程序建设并经验收确认的服务组织给予资金扶持。

3. 鼓励新型农业经营主体自用自管

浦江现有新型农业经营主体涉及粮食、蔬菜、果树、花卉、养殖等各个方面。规模化
种植的企业、合作社及家庭农场，经济效益相对较高。采用高效节水灌溉设施的大户往往
有独立的灌溉水源工程或首部系统，区块内农田灌排设施的维修养护及灌溉用水也一般由
其自行管理。各乡镇、村可根据实际情况制定相应的政策和措施，鼓励新型农业经营主体
形成"自用自管"的良性机制。

（1）规范土地流转。规范灌区土地流转，对合同签订、双方权利义务、纠纷处理、
违约责任等进行明确规定，确保流转合法合规；同时引导和鼓励农户采取转包、租赁、
互换、转让、入股等多种形式流转土地承包经营权，促进土地向新型农业经营主体
集中。

（2）加大奖补力度。整合其他涉农补贴资金，设立种粮大户、农民专业合作社和家庭
农场专项补贴资金，采取"以奖代补""先建后补"等方式，对其发展设施农业、购置大
型农机具、提高耕地质量等先期投入给予适当补偿。

（3）完善服务体系。进一步完善农技服务体系建设，加大农技推广普及力度，实现农业技术服务与广大农户"零距离"接触，及时了解合作社、种粮大户和家庭农场在种植过程中遇到的困难并及时解决问题。

（4）提升人员素质。对新型农业主体经营者及其聘用的管水员进行科学灌溉培训，让总量控制定额管理能够落到实处。加强科技指导，通过组织人员培训，提高业务水平。

（5）完善制度建设。逐步完善新型农业经营主体章程、水利工程维护检修制度、用水管理制度等规章制度，提高其工程维护和用水管理规范化、标准化水平。

5.5.1.2　终端用水管理制度

（1）工程产权制度。以实现农田水利设施"产权到位、权责明确、保障经费、管用得当、持续发展"为总目标，探索建立农田水利工程产权确权制度，制度应明确规范划界方法、确权赋权、办证发证，以及产权者的权利和义务等内容。确权时，原则上不涉及原有资产的，个人全额出资修建的小型水利工程，其产权归出资人所有；社会资本投资兴建的工程，产权归投资者所有，或按投资者意愿确定产权归属；多主体共同出资兴建的小型水利工程，其产权归出资人共同所有。有县级及以上财政资金参与建设的工程确权时，其产权归工程所在地乡镇或村集体，并依法享有该工程的资产收益权。

（2）末级渠系维修养护制度。建立以村级用水管理小组（或其他农民用水合作组织）为实施主体的末级渠系维修养护制度，落实末级渠系维修养护责任主体，明确维修养护职责，提出维修养护要求，细化维修养护考核标准。

（3）放水管理制度。建立以"放水员"为管理主体、节水灌溉技术为管理依据的放水管理制度，树立放水员权威，规范放水员职责。制度应明确放水员职责、放水管理要求、奖励惩罚标准等内容。

（4）监督检查制度。制定监督检查制度，确保农业水价相关工作落到实处、奖补资金使用得当。制度明确监督管理的主体为浦江水务局和各乡镇，提出农业水价改革监督办法主要为台账审核、现场抽查等方式，规定各用水管理组织向农户公示维养内容、养护资金、上级维养资金补贴支出明细等内容。增加资金的透明度，接受广大用水户监督。

5.5.2　农业水权分配

浦江县地处浙中金衢盆地，水资源相对比较丰富，这也导致灌区群众节水灌溉意识淡薄。严格控制农业灌溉用水总量，可以使地方形成"水资源有价"的氛围，对促进区域水资源合理配置和社会经济协调发展具有重要意义。

（1）用水总量控制指标。按照金华市 2020 年实行最严格水资源管理制度考核指标，2020 年浦江县水资源管理控制目标为 1.7804 亿 m^3。

（2）农业水权分配。浙江省水权及水权交易还处于起步阶段，只对水权进行探索，在乡镇层面对农业水权进行分解，作为乡镇的农业灌溉总量控制指标，各乡镇可在辖区内对农业水权进一步分解。条件成熟时，进一步加大农业水权探索和实践，出台相关制度，推进农业节水和水资源优化配置。根据近年来全县农业、工业、生活、生态等行业分类用水比例得农业用水指标约占 48%，分得全县农业用水总量控制指标为 8545 万 m^3。根据农业水权分配办法，计算得到各乡镇农业灌溉用水总量指标，见表 5.4。

表 5.4 各乡镇农业水权分配表

序号	乡 镇	有效灌溉面积 /万亩	农业灌溉用水总量指标 /万 m³
1	浦南街道	2.40	1002.49
2	浦阳街道	0.74	309.25
3	仙华街道	1.88	788.32
4	黄宅镇	3.05	1275.93
5	白马镇	1.28	537.22
6	郑家坞镇	0.66	274.67
7	郑宅镇	1.37	574.25
8	岩头镇	1.75	731.74
9	杭坪镇	1.77	740.23
10	檀溪镇	1.24	518.50
11	中余乡	0.85	356.56
12	虞宅乡	0.79	332.17
13	花桥乡	0.93	389.86
14	前吴乡	1.07	446.65
15	大畈乡	0.64	268.09
	合 计	20.42	8545.93

5.5.3 农业用水定额管理

5.5.3.1 灌溉控制定额

结合浦江实际，灌溉控制定额确定以"不明显增加农民负担、不断激励农户开展改革"为原则，避免控制定额太低，田间相对往年已经节水明显，但是超过控制定额，影响其积极性。同时也要农户逐渐形成水资源有价、节约用水的习惯，作物灌溉控制定额见表 5.5。

表 5.5 作 物 灌 溉 控 制 定 额

作物名称	分类情况	灌溉控制定额 /(m³/亩)	备 注
水稻	淹灌	650	单季稻为主
葡萄	沟灌	470	参照灌溉试验数据
	滴灌	130	
蔬菜	沟灌	420	小白菜、茄子、黄瓜轮种
	微灌	110	小白菜、茄子、黄瓜轮种

续表

作物名称	分类情况	灌溉控制定额 /(m³/亩)	备　注
瓜果	沟灌	400	西瓜、甜瓜轮种
	滴灌	105	西瓜、甜瓜轮种

注 试行一年后如与实际有出入，可调整。

根据上述灌溉控制定额，计算得到 18 个典型灌区（片）的综合用水定额；结合灌区面积，推算需赋予各灌区的农业水权（农业灌溉用水总量指标），结果见表 5.6。

表 5.6　　　　　　　　　典型灌区（片）综合控制定额与年灌溉水量

分　区	序号	乡　镇	灌区（片）名称	综合用水定额/ （m³/亩）	年灌溉用水总量指标 /万 m³
东部盆地	1	浦南街道	三村试点灌片	525	110.3
	2	浦阳街道	金氏农业基地灌片	420	21.0
	3	仙华街道	仙华典型灌片	560	22.4
	4	黄宅镇	曹街、蒋才文联片	130	10.4
	5	白马镇	霞岩提水灌区	650	6.5
	6	白马镇	深山水库灌区	560	49.8
	7	白马镇	塘里村灌片	585	22.2
	8	郑家坞镇	余郭村灌片	420	8.4
	9	郑宅镇	孝门灌片	470	23.5
	10	岩头镇	合丰、姓应联片	560	44.8
西部山区	11	杭坪镇	杭坪基本农田典型灌片	650	68.3
	12	杭坪镇	杭坪子江堰灌片	535	4.8
	13	檀溪镇	洪山村灌片	585	24.6
	14	中余乡	冷坞灌片	400	6.0
	15	虞宅乡	先锋灌片	130	2.0
	16	花桥乡	花桥村灌片	420	5.0
	17	前吴乡	罗塘村灌片	650	19.5
	18	大畈乡	清溪灌片	420	8.4

5.5.3.2　灌溉用水计划

浦江县典型灌区（片）主要耗水作物为水稻，其中水稻耗水量大、耗肥多，是农业面源污染主要来源之一。葡萄、蔬菜、瓜果由于耗水量相对低，并且高效节水灌溉面积较广，灌溉管理需求相对较小。根据 3.4.3 节用水计划制订步骤，结合浦江当地的水稻灌溉习惯，制定用水计划（见表 5.7）。

表 5.7 水稻灌溉用水计划表

作　物	生育期	时　间	灌水次数	灌水定额 /(m³/亩)	灌溉定额 /(m³/亩)
渠道灌溉水稻	泡田期	6 月	1	80	80
	返青期	7 月初	2	65	130
	分蘖期	7 月下旬	3	70	140
	拔节孕穗期	8 月中旬	2	60	120
	抽穗开花期	8 月下旬	1	60	120
	乳熟期	9 月上旬	1	60	60
	黄熟期	10 月	0	0	0
合计					650

5.5.3.3　灌溉供水监测

为加强灌溉用水管理，开发了"浦江县农业水价综合改革平台"（见图 5.7），设置"农业灌溉水量监测模块"（见图 5.8），按照"乡镇-行政村-灌区灌片"口径，根据灌区灌片种植结构，测算分析灌区灌片水权定额、理论控制定额等；实时采集与显示灌区灌片农业灌溉用水总量及亩均水量；结合水文气象等因素分析，实现灌区超定额用水的预警，以及年终灌区用水考核的测算分析。为做实做细灌溉供水监测，浦江县各乡镇水利员都有平台账号，有权限登录实时查看、监督所辖范围灌溉用水情况。为适应村级放水员的管理需求，正在开发手机端 App，放水员可实时查询管辖范围计量监测信息，如果超定额用水，可及时收到预警信息，便于灌溉用水控制。

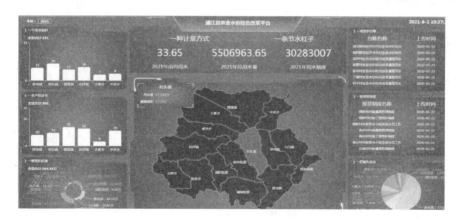

图 5.7　浦江县农业水价综合改革平台

5.5.3.4　农业节水技术推广

1. 水稻蓄雨间歇灌溉技术

浦江县地处浙中丘陵盆地区，参照附近永康灌溉试验站相关成果，针对单季水稻适宜推广蓄雨间歇灌溉技术，其田间水层控制标准（单季稻）见表 5.8。该技术主要通过对田间水分进行科学调控，实现节水增产。

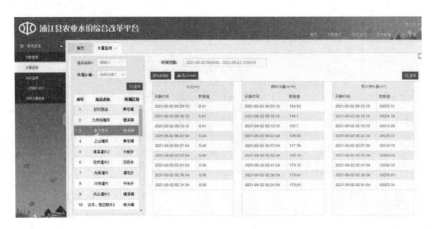

图 5.8　农业灌溉水量监测模块

表 5.8　　　　　　　　　　水稻蓄雨间歇灌溉田间水层控制标准（单季稻）

生育阶段	返青期	分蘖期		拔节孕穗期	抽穗开花期	乳熟期	黄熟期
		前期	后期				
雨后最大蓄水层	50mm	70mm	晒田	120mm	100mm	60mm	落干
灌溉水深	25～30mm	30～40mm	晒田	30～40mm	30～40mm	30～40mm	落干
灌前田间水层下限（或露田天数）	10mm	露田1～2d	露田7～12d	露田2～4d	露田2～4d	露田2～5d	落干

2. 节水灌溉工程技术

浦江县现有水稻区主要采用自流（或机泵）和渠道输水的传统农业灌溉方式，渠道存在破损、渗漏和淤塞的情况，造成一定程度的水资源浪费，已不能满足最严格水资源管理及现代高效农业的发展要求。针对以上情况，水稻区在渠道维修养护的基础上，有条件地区考虑推广管道灌溉工程。

除水稻区外，浦江县不断优化产业结构，蔬菜、瓜果等经济作物已逐渐成为新的经济增长点，同时面对现状渠系水利用系数不高、部分农田水利设施不满足现状需求等情况，建设相应的节水灌溉工程十分必要。针对高效经济作物区（葡萄、茶叶等），推广喷微灌等技术，改善高效特色农业的生产条件。葡萄园滴灌和茶园喷灌照片分别如图 5.9 和图 5.10 所示。

3. 推广手段

由县农业水价改革领导小组组织，技术支撑单位配合，针对总量控制、定额管理要求，对用水管理者（放水员等）进行科学灌溉培训，实现先进灌溉技术与广大农户"零距离"接触。制作宣传牌、宣传手册，利用各类媒体加强宣传，普及节水灌溉技术形成"水资源有价"的氛围，提高农户节水保护农村环境的意识。

图 5.9　葡萄园滴灌照片

图 5.10　茶园喷灌照片

5.5.4　农田水利工程管护

5.5.4.1　工程产权制度改革

浦江县小型农田水利工程类型主要有山塘、堰坝、机埠、灌排渠道、高效节水灌溉工程等，量大面广。结合农业水价综合改革的要求，进一步落实《浦江县小型水利工程建设与管理体制改革实施方案》（见图 5.11），以山塘、机埠等单体性工程为重点，开展工程产权制度改革，明确管护主体，落实管护责任，完善工程管护制度，保障长效良性运行。

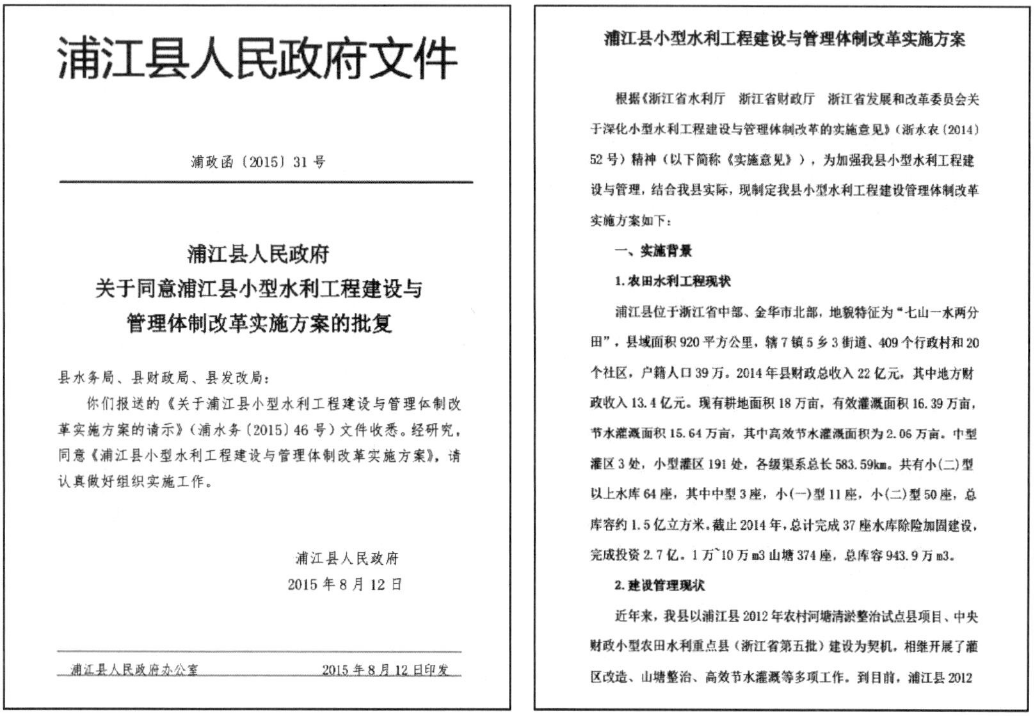

浦江县人民政府文件

浦政函〔2015〕31 号

浦江县人民政府
关于同意浦江县小型水利工程建设与
管理体制改革实施方案的批复

县水务局、县财政局、县发改局：
　　你们报送的《关于浦江县小型水利工程建设与管理体制改革实施方案的请示》（浦水务〔2015〕46 号）文件收悉。经研究，同意《浦江县小型水利工程建设与管理体制改革实施方案》，请认真做好组织实施工作。

浦江县人民政府
2015 年 8 月 12 日

浦江县人民政府办公室　　　　　　2015 年 8 月 12 日印发

浦江县小型水利工程建设与管理体制改革实施方案

　　根据《浙江省水利厅　浙江省财政厅　浙江省发展和改革委员会关于深化小型水利工程建设与管理体制改革的实施意见》（浙水农〔2014〕52 号）精神（以下简称《实施意见》），为加强我县小型水利工程建设与管理，结合我县实际，现制定我县小型水利工程建设管理体制改革实施方案如下：

　　一、实施背景

　　1.农田水利工程现状

　　浦江县位于浙江省中部、金华市北部，地貌特征为"七山一水两分田"，县域面积 920 平方公里，辖 7 镇 5 乡 3 街道、409 个行政村和 20 个社区，户籍人口 39 万。2014 年县财政总收入 22 亿元，其中地方财政收入 13.4 亿元。现有耕地面积 18 万亩，有效灌溉面积 16.39 万亩，节水灌溉面积 15.64 万亩，其中高效节水灌溉面积为 2.06 万亩。中型灌区 3 处，小型灌区 191 处，各级渠系总长 583.59km。共有小（二）型以上水库 64 座，其中中型 3 座，小（一）型 11 座，小（二）型 50 座，总库容约 1.5 亿立方米。截止 2014 年，总计完成 37 座水库除险加固建设，完成投资 2.7 亿。1 万7 10 万 m3 山塘 374 座，总库容 943.9 万 m3。

　　2.建设管理现状

　　近年来，我县以浦江县 2012 年农村河塘清淤整治试点县项目、中央财政小型农田水利重点县（浙江省第五批）建设为契机，相继开展了灌区改造、山塘整治、高效节水灌溉等多项工作。到目前，浦江县 2012

图 5.11　《浦江县小型水利工程建设与管理体制改革实施方案》

1. 工程确权

按灌区工程、高效节水、山塘（池塘）分类进行工程确权。

灌区骨干工程产权原则上归属受益乡镇或村集体，跨行政区域的按属地或受益面积分摊确权；田间工程以村集体为单位，按照工程所在地"打包"确权给相应的村集体，跨行政区域的按属地或受益面积分摊确权；由农户（包括联户）、家庭农场、农村合作社等合作组织或个人出资建设的工程，综合考虑原有资产和投资情况分摊确权。

高效节水灌溉工程根据投资情况，参照灌区工程确权办法确权。

山塘（池塘）根据工程所在地、投资等因素，结合历史归属，确权给受益乡镇（部门、村委会、村组集体、个人等），多主体投资的按筹资比例划分股权。跨行政区域的按属地或受益面积分摊确权。

2. 工程移交

小型水利工程通过登记造册、确权申请、确权审批、产权公示、产权赋权等程序，进行工程产权确权和移交。具体如下。

（1）登记造册：按照工程类型，以乡镇为单位，逐一登记造册，建立台账。先由乡镇组织对辖区内各村集体的小型水利工程进行实地踏勘、调查摸底，对工程位置、四周边界、具体特征、受益户、受益田块及面积，逐一登记造册，做到乡镇有工程档案、工程图册，县级能实时查询。跨行政区划的工程根据权属人要求和相关行政区划单位协商意见，按照便于管理的原则进行登记。

（2）确权申请：潜在产权人主动申请相应工程的产权，填写申请表，并附上所申请小型水利工程的基本资料和申请者相关证明材料。逐级申报，其中村集体、乡镇对申报材料的真实性负责，主要负责人签字并加盖公章。

（3）确权审批：小型水利工程确权采用所在村集体、乡镇复核，县水务局审批。所在村集体、乡镇复核前均应就相关情况进行在工程所在乡镇、村集体公示，公示期为7天，并将公示材料和结果作为审批附件。

（4）产权公示：县水务局在确权审批前，应在门户网站上进行产权公示。公示内容包括工程基本信息、用途、产权所得者、公示期限和联系方式等。

（5）产权赋权：公示期内，各方对确权无异议，颁发给工程所有者的（见图5.12）产权证由县政府统一印制，由县水务局统一颁发。

5.5.4.2　农田水利工程管护制度

（1）管护对象。大中型灌区骨干工程以外和小型灌区的农田水利工程。

（2）管护组织。工程运行、管理和维护职责由村级农业用水管理小组、农民用水户协会、新型农业经营主体承担，具体工作由其聘用的放水员负责。

（3）管护措施。灌溉期前，管水小组组织放水员对灌区进行全面检查，对影响通水的渠道及建筑物应及时组织力量维修。放水期间，放水员对责任片区内的工程设施进行不间断巡查，发现渠道破损、垮塌、设施运行异常等问题及时上报管水小组组织抢修。灌溉期结束后，管水小组安排放水员再次对灌区进行全面检查，统计工程设施损坏情况并上报至乡镇。

图 5.12 产权证

（4）工程维修养护机制。渠道及建筑物日常维修由管水小组制订方案，报乡镇人民政府审批后实施，所需经费由财政精准补贴资金和村集体共同承担。渠道及建筑物大修、配套、更新改造由管水小组提出需求，乡镇人民政府审核后报县水务局，由其根据小型农田水利工程年度维修养护计划统筹安排。新建灌溉工程由管水小组提出需求，乡镇人民政府审核后报县水务局，由其根据年度项目计划统筹安排。

（5）惩罚措施。用水户需积极配合放水员实施工程管护，对恶意阻挠放水员工作的用水户，由管水小组上报村委会按照相关规章制度作出处理。

5.6　管理机制创新

5.6.1　农业水价形成机制

全县除通济桥水库灌区、金坑岭水库灌区两个中型灌区有专管机构管理外，其余中小型灌区均以乡镇、村属地管理为主。针对上述情况，选择通济桥水库灌区为代表，分析灌区骨干工程供水成本；其余采用"以点代面、点面结合"的方式，即在各分区内选择具有代表性灌区进行水价成本测算，将种植结构、管理水平、田间设施类型相近典型灌区归类，分析得到全县末级渠系的水价成本。

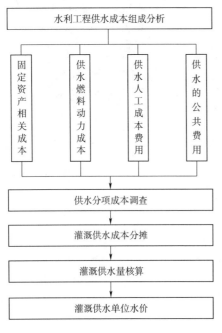

图 5.13　通济桥水库灌区骨干工程的供水成本测算框架图

5.6.1.1　灌区骨干工程水价成本测算

1. 测算思路

测算工作按供水成本组成分析、供水分项成本调查、灌溉供水成本分摊、灌溉供水量核算及灌溉供水单位水价计算五个部分进行，其测算框架图见图 5.13。

2. 成本分摊

灌溉供水的水利工程若具有多种综合利用功能，如防洪、排涝、兴利、发电等，为了正确计算灌溉供水成本，须将水利工程的资产和运行费用在各功能之间合理分摊。目前在已建成综合利用水利工程的供水成本核算中，通常采用两步分摊法，即先在防洪与兴利之间用库容比例法进行分摊，然后在各兴利项目之间用供水比例法把灌溉相关的资产和费用分摊开来。

（1）防洪与兴利分摊：采用防洪库容与兴利库容的比例进行分摊（见图 5.14），具体的计算公式如下。

防洪库容的分摊系数为

$$\alpha_f = \frac{V_f}{V_f + V_u} \tag{5.1}$$

兴利库容的分摊系数为

$$\alpha_u = \frac{V_u}{V_f + V_u}$$

（2）农业供水与非农业供水分摊：兴利供水中按照用途不同分农业供水和非农业供水，不同的供水对象的共用资产和共用费用，可以采用供水保证率法进行分摊，具体分摊公式如下：

$$农业供水分配系数 = \frac{AA'}{AA' + BB'} \qquad (5.2)$$

式中：A 为年农业供水量；B 为年非农业供水量；A' 为农业供水保证率；B' 为非农业供水保证率。

（3）分摊结果：根据统计，通济桥水库兴利库容约 5880 万 m^3，防洪库容 2196 万 m^3，总库容 8076 万 m^3；现状 90% 保证率的农业用水供水量约 4218.6 万 m^3，生活和工业用水供水量约 1999.9 万 m^3，计算兴利分摊系数为 0.73，农业灌溉供水分摊系数为 0.68。

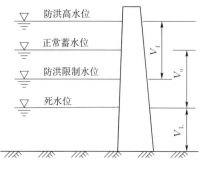

图 5.14 防洪库容与兴利库容的比例分摊示意图

3. 成本核算

（1）固定资产折旧费。固定资产折旧是把工程或设备逐渐损耗的价值，在使用期内以货币形式将其逐年提取积累起来，并用以更新工程或设备。灌区分摊到的固定资产折旧包括：水源工程、灌区工程、其他。根据通济桥水库管理处的固定资产清单，测算灌区的固定资产折旧费用为 132.36 万元，见表 5.9。

表 5.9　　　　　　　　　　　　　　灌区固定资产折旧费测算表

项　目		总固定资产原值/万元	灌溉分摊固定资产原值/万元	折　旧　费	
				折旧费率/%	折旧金额/万元
水源工程	水库、电站等	4000	2000	2.00	50.00
灌区工程	渠道、水闸、倒虹吸等建筑物	2919.28	1459.64	3.33	48.61
其他	房屋建筑物、办公设施及设备等	2500	1250	3.50	43.75
合　计		9419.28	4709.64		132.36

（2）固定资产大修费：水利工程运行一段时间后，难免发生损坏，当损坏修理工作量较大，难以通过日常维修解决时，应对该建筑物或设备进行大修理，以恢复其生产功能。根据通济桥水库管理处的固定资产清单，测算灌区的固定资产大修费为 56.69 万元，见表 5.10。

表 5.10　　　　　　　　　　　　　　灌区固定资产大修费测算表

项　目		总固定资产原值/万元	灌溉分摊固定资产原值/万元	大　修　费	
				大修费率/%	大修金额/万元
水源工程	水库、电站等	4000	2000	0.75	15.00
灌区工程	渠道、水闸、倒虹吸等建筑物	2919.28	1459.64	2.00	29.19

续表

项　目		总固定资产原值/万元	灌溉分摊固定资产原值/万元	大　修　费	
				大修费率/%	大修金额/万元
其他	房屋建筑物、办公设施及设备等	2500	1250	1.00	12.50
合　计		9419.28	4709.64		56.69

（3）工程维修养护费：工程维修养护费原则上据实核算，但考虑部分地区供水水费难以补偿供水成本，工程维修养护费难以落实到位的现实，依据《浙江省水利工程维修养护定额标准》进行核算。经测算，灌区骨干工程的维修养护费用为 98.76 万元，见表 5.11。

表 5.11　　　　　　　　　　　灌区工程维修养护费用测算表

编号	项目名称	项目内容	各项费用/万元	费用合计/万元
1	渠道工程	渠道的维修养护	12.27	44.83
		渠顶路面的维修养护，渠道清淤等	32.56	
2	渡槽工程	渡槽的维修养护	3.65	13.67
		渡槽的工程安全鉴定	10.02	
3	倒虹吸工程	倒虹吸的维修养护	2.62	2.62
4	涵洞、隧洞工程	涵洞、隧洞的维修养护	2.91	10.89
		隧洞清理	7.98	
5	闸	渠下涵闸及放水闸维、节制闸维修养护	14.71	14.71
6	滚水坝	混凝土表面破损修补、防冲设施破损修补等	0.025	0.025
7	橡胶坝	混凝土表面破损修补、防冲设施破损修补等	1.09	1.09
8	其他工程	防汛物资的维修养护，草皮绿化养护，水面保洁等	10.92	10.92
合计				98.76

（4）供水人工成本：主要包括职工工资、福利费用、教育费用、住房公积金、医疗保险费、养老保险费、失业保险费、生育保险费等。按照《水利工程供水价格核算规范（试行）》的要求，供水人工成本测算中的人员数量应按国家规定的定员标准。灌区现有在职职工 33 人，财务测算人均工资 13.89 万元，经灌溉分摊后，测算得到灌区供水人工成本为 229.19 万元，见表 5.12。

表 5.12 灌区供水人工成本测算表

项 目 名 称	供水人工成本	备 注
现有在职职工/人	33	按国家定员标准
财务测算人均工资/(万元/年)	13.89	
合计测算人工成本/万元	458.37	
灌溉分摊后测算人工成本/万元	229.19	

（5）供水公共费用：主要包括办公费、邮电费、水电能源费、取暖费、差旅费、机动车费、会议费、一般设备购置费、业务费、招待费、单位财产保险费及其他费用等。灌区供水公用费用采用据实核算的方法，经测算，供水公用费用总额为 406918 元，经灌溉分摊后费用金额为 203459 元，见表 5.13。

表 5.13 灌区供水公用费用测算表

编号	项目名称	计算依据	测算费用金额/元	灌溉分摊后费用金额/元
1	办公费	财务测算	30000	15000
2	邮电费	财务测算	1000	500
3	水电能源费	财务测算	125918	62959
4	取暖费	财务测算	0	0
5	差旅费	财务测算	10000	5000
6	机动车费	财务测算	20000	10000
7	会议费	财务测算	0	0
8	招待费	财务测算	20000	10000
9	单位财产保险费	财务测算	0	0
10	其他费用	财务测算	200000	100000
	合计		406918	203459

（6）灌溉供水成本汇总：灌溉供水成本是灌区水利工程成本在灌溉上的分摊结果，根据各分项成本计算结果，包括两种方案：①包含固定资产折旧费和大修费的全成本；②不包含此部分的运维成本。灌溉供水成本汇总见表 5.14 所示。

表 5.14 灌溉供水成本汇总表

编号	项目名称	全成本测算金额/万元	运维成本测算金额/万元
1	固定资产折旧费	132.36	
2	固定资产大修费	56.69	
3	工程维修养护费	98.76	98.76
4	供水人工成本费	229.19	229.19
5	供水公用费	20.35	20.35
	合计	537.35	348.30

4. 灌溉用水量核算

年供水量的大小对供水成本的高低影响很大，因此合理确定年供水量，对于正确反映供水成本十分重要。依据灌区近年平均实际灌溉供水量来测算供水成本，经测算灌区实际年平均灌溉供水量为 910 万 m³。

5. 灌溉供水成本

计算公式如下：

$$C_1 = \frac{M}{Q} \text{ 或 } C_2 = \frac{M}{S} \tag{5.3}$$

式中：C_1 为单位供水量的灌溉成本；C_2 为单位灌溉面积上的灌溉成本；Q 为灌溉供水量；S 为灌溉面积。

计算得到通济桥水库灌区骨干工程的全成本水价为 0.59 元/m³，运维成本水价为 0.38 元/m³，见表 5.15。

表 5.15　　　　　　　　　　　灌溉供水成本水价测算表

类　别	项　目	全成本	运维成本
灌溉总成本/万元		537.35	348.30
单位灌溉供水成本	按设计灌溉面积测算/(元/亩)	50.17	32.52
	按有效灌溉面积测算/(元/亩)	69.07	44.77
	按实际灌溉面积测算/(元/亩)	141.04	91.42
	按灌溉水量测算/(元/m³)	0.59	0.38

5.6.1.2　末级渠系工程水价成本测算

为全面准确地掌握全县农业水价现状，科学合理地测算灌区末级测算水价成本，充分考虑地理位置、农业分区、农业产业等情况的基础上，在全县 15 个乡镇选择了 18 个典型灌区（片），基本覆盖了现有的灌溉模式、种植结构、管理现状等特性，可以充分反映全县农业灌溉现状。水价成本测算采用两种方式：①通过实地调研，摸清典型灌区（片）现状运行维护水平和各项投入经费。②依据《浙江省水利工程维修养护定额标准》科学测算维修养护成本；供水人工成本按照浦江县现状劳务工资水平测算；运行公共费用以典型灌区（片）实际发生费用进行计算。计算结果见表 5.16。

表 5.16　　　　　　　　　　典型灌区（片）水价成本测算汇总表

分区	序号	乡镇	灌区（片）名称	灌溉方式	作物种类	面积/亩	测算水价/(元/亩)
东部盆地	1	浦南街道	三村试点灌片	渠道（自流）	葡萄、水稻	2100	24.14
	2	浦阳街道	金氏农业基地灌片	渠道+滴灌（提水+自流）	水稻、葡萄	500	26.27
	3	仙华街道	仙华典型灌片	渠道（自流）	水稻、葡萄	400	17.34
	4	黄宅镇	曹街、蒋才文联片	滴灌（提水）	葡萄	800	46.25
	5	白马镇	霞岩提水灌区	渠道（提水）	水稻	100	40.78
	6	白马镇	深山水库灌区	渠道（自流）	水稻、葡萄	890	15.39

分区	序号	乡镇	灌区（片）名称	灌溉方式	作物种类	面积/亩	测算水价/（元/亩）
东部盆地	7	白马镇	塘里村灌片	渠道（自流）	水稻、葡萄	380	24.87
	8	郑家坞镇	余郭村灌片	渠道（自流）	红薯+瓜果	200	19.52
	9	郑宅镇	孝门灌片	渠道（自流）	葡萄	500	16.27
	10	岩头镇	合丰、姓应联片	渠道（自流）	水稻、葡萄	800	15.61
西部山区	11	杭坪镇	杭坪基本农田典型灌片	渠道（自流）	水稻	1050	15.26
	12	杭坪镇	杭坪子江堰灌片	渠道（自流）	水稻、蔬菜	90	25.91
	13	檀溪镇	洪山村灌片	渠道（自流+提水）	水稻、葡萄	420	17.08
	14	中余乡	冷坞灌片	渠道（自流）	瓜果	150	21.19
	15	虞宅乡	先锋灌片	滴灌（提水）	葡萄	150	56.67
	16	花桥乡	花桥村灌片	渠道（自流）	蔬菜（芋艿）	120	23.06
	17	前吴乡	罗塘村灌片	渠道（自流）	水稻	300	17.85
	18	大畈乡	清溪灌片	渠道（自流）	蔬菜（茄子）	200	19.52

5.6.1.3　水价形成机制

根据国家和省级要求，加快完善农业水价形成机制，通过定额管理、累进加价等办法，在既不增加农民负担基础上，既能促进农业节水，又可创造有利于农田水利发展的市场环境。在实施过程中，综合考虑供水成本、水资源稀缺程度及用户承受能力等，合理制定供水工程各环节水价并适时调整，农业水价价格原则上应达到或逐步提高到运行维护成本水平；区别粮食作物、经济作物等用水类型，在终端用水环节探索实行分类水价；实行农业用水定额管理，合理确定阶梯和加价幅度，促进农业节水。

1. 现状水价

根据全县面上和现场调查结果，现状大中型灌区末级渠系及小型灌区的日常运行费用，大部分都由村集体承担，一般不直接向农户收取水费。现状水费主要由管护人员工资、工程维修养护费等组成，据测算，目前大致是提水灌区（片）15 元/亩、自流灌区（片）8 元/亩、高效节水灌溉 39 元/亩的平均支出水平。用水管理水平不高，难以保障灌区良性运行。

2. 成本水价

按照前文测算，典型灌区（片）水价成本见表 5.16。对表 5.16 中结果进行分析，着重对不同作物类型、不同田间水利设施类型的灌区农业水价成本进行对比，制定不同作物对应不同灌溉方式的成本水价，结果见表 5.17。

表 5.17   典型灌区（片）测算水价分析表

序号	作物种类	取水方式	工程类型	灌区（片）/个	测算水价均值/（元/亩）
1	水稻	提水	渠道	1	40.78
		自流	渠道	9	19.52
2	葡萄	自流	渠道	2	20.20
		提水	高效	2	51.46
3	蔬菜	自流	渠道	2	21.29
4	瓜果	自流	渠道	2	20.35

3. 定额内水价

根据农业水价综合改革相关文件要求，农业水价价格原则上应达到或逐步提高到运行维护成本水平。因此，以末级渠系水价成本测算结果作为全县定额内农业水价。现按照简单可行、操作方便、符合地方实际的原则，测算的浦江县不同灌溉方式和作物分类水价见表 5.18。

表 5.18   浦江县不同灌溉方式和作物分类水价表

灌溉方式	作物种类	用水定额/（m³/亩）	亩均水价/（元/亩）	单方水价/（元/m³）
渠道灌溉（提水）	水稻	650	41	0.063
	蔬菜	260		0.083
	瓜果	400		0.088
渠道灌溉（自流）	水稻	650	20	0.031
	蔬菜	260		0.048
	瓜果	400		0.050
滴灌灌溉（提水）	蔬菜	160	51	0.418
	瓜果	100		0.438

注　不同类型成本水价试行一年，如与浦江县实际出入较大，可进行调整，以达到地区农田水利维修养护水平。

4. 分类水价

分类水价应体现不同用水类型的水价差异，浦江县分类水价主要区别在粮食作物、经济作物等用水类型，分 3 类作物 8 个不同水价，具体见表 5.18。

5. 分档水价

按照农业水价改革要求，有条件的地区，应按定额管理的要求，逐步推行分档水价，探索建立超定额累进加价制度，对农业用水户超过合理水平实行较高的水价，超额用水量越多水价越高。

根据浦江县经济社会发展水平和农民群众承受能力，定额外灌溉用水价格按累进加价幅度分为二个阶梯，阶梯幅度设定为超定额 20% 以内（含 20%）、超定额 20% 以上两个档次，对应阶梯水价为定额内按方水价的 1.0 倍、1.5 倍，见表 5.19。超额幅度与用水量考核直接相关，与精准补贴资金挂钩。

表 5.19 超定额灌溉用水阶梯水价标准

序号	用水量阶梯	阶梯水价标准
1	定额内	定额内水价
2	超定额 20% 以内（含 20%）	定额内水价×1.0
3	超定额 20% 以上	成本水价×1.5

5.6.1.4 水费计收

农业水价综合改革的一个重要目标是形成科学合理的农业水价机制，农业用水价格基本反映水利工程运行维护成本水平，通过落实成本水价满足末级农田水利工程良性运行。结合浦江县实际情况，按照上级相关要求，根据水价形成机制所确定的定额内水价、分类水价和分档水价，制定以下水费计收方案。

1. 定额内水费计收

为响应国家、省政府政策，切实促进地区节水，保障末级渠系能够正常高效运行，应按照成本水价，收取水费 20~51 元/亩，收取的水费用于末级渠系的日常运行管理。根据对典型灌区（片）现状水价的分析，浦江县一直以属地管理为主，日常运行管护费用由村集体承担，部分提水灌区（片）以电费形式向农户收取费用或由农户自行承担灌溉电费，高效节水灌溉一般由大户或家庭农场承包自行承担大部分维修养护和人工管理费用，现状运行管护费的支出情况很难一时改变。

综上，浦江县定额内水费由"财政＋村集体＋农户"共同承担，其中"村集体＋农户"维持现状，执行提水灌区（片）15 元/亩、自流灌区（片）8 元/亩、高效节水灌溉 39元/亩的平均支出水平。县财政则主要保障粮食生产区定额内水费，有余力的再对葡萄、蔬菜、瓜果等经济作物补贴。定额内水价组成和承担者框架图如图 5.15 所示。

2. 定额外水费计收办法

结合县域实际，由于灌区放水员作为灌溉直接管理者，超额水费由其承担，可以促使放水员更好的管理，起到督促警示作用。超定额水量在一个灌溉周期后进行核算，超定额水价标准按照分档水价执行。

5.6.2 农业用水精准补贴机制

精准补贴机制建设是农业水价综合改革的关键环节，浦江县需建立与种养结构、节水成效、

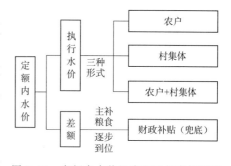

图 5.15 定额内水价组成和承担者框架图

财力状况相匹配的农业用水精准补贴机制，着力解决工程运行维护经费不足的问题。

5.6.2.1 补贴原则

（1）优先补贴粮食作物区。

（2）对村集体或农民用水合作组织的补贴，主要用于补助工程维修养护经费的缺口。

（3）通济桥灌区骨干工程运行维护财政补贴维持现状。

（4）在完善水价形成机制的基础上建立补贴机制，并与水资源情况、节水成效、财力状况、农户意愿相匹配。

（5）补贴标准根据定额内用水成本与现状运行维护成本的差额确定，即定额内水价和执行水价的差额。

（6）补贴实施过程中根据县域实际情况，采取"一次确定补贴标准，分步实现足额补贴"的办法。

5.6.2.2　补贴对象、程序及形式

1. 补贴对象

浦江县目前只有浦南街道试点区由"神丽峡农民用水户协会"管理，其他大部分村维持由村集体统筹负责日常运行管理。村集体作为管护责任主体，也是精准补贴对象。由于用水户协会在层级上相当于村集体，具体执行过程和标准参照村集体，不单独分析。

精准补贴对象为村集体，但考虑到资金管理的规范性和安全性，考虑在每个乡镇设立精准补贴专款专户存储所辖村精准补贴资金。

2. 补贴程序

每年各乡镇 10 月底上交水价改革考核资料到县水务局，水务局按照农业水价综合改革考核办法，从组织建设、任务评价、成效评价等方面综合评定各乡镇改革成效。根据考核结果，对照补贴标准拟定补助资金文件，经水务局领导会议讨论通过后，联合县财政局发文，拨付资金到各乡镇。各乡镇按照乡镇考核办法，综合考核村级农业水价改革成效，将补贴资金发放到村集体或用水户协会。精准补贴资金在发放过程中，需实行公开公示制度，及时将考核结果、资金补贴量等向社会公布，接受社会监督。

精准补贴资金发放流程图如图 5.16 所示。

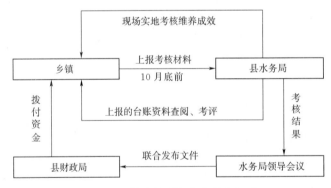

图 5.16　精准补贴资金发放流程图

3. 补贴形式

农业用水精准补贴主要为定额内用水成本的补贴，补贴形式以直接资金补助为主、其他考核奖励为辅的方法。其他奖项如年终综合考核加分、优先安排项目等方式，激发基层和农户参与农业水价综合改革的积极性。

5.6.2.3　补贴金额、经费来源和资金管理

1. 补贴金额

统筹考虑农业水价调整与用水户承受能力，根据测算出的成本水价和现状水价，确定浦江县的精准补贴资金，精准补贴金额按计算方法：

$$精准补贴金额=(成本水价-现状水价)\times 作物灌溉面积$$

根据水价测算结果，全县不同类型作物成本水价有差异，精准补贴为12～26元/亩。按现状实际灌溉面积估算，若差额全部精准补贴，则全县精准补贴207.80万元，亩均13元/亩；若考虑地区财政压力较大，可以优先补全粮食作物，经济作物安排5元/亩的补贴标准。

结合县域实际，建议差额全部精准补贴方式，但实行“先考核后补贴”的方式，以体现精准补贴的先进性和差异性。根据各乡镇不同管护水平与节水情况的考核结果，设置精准补贴分档如下：①考核结果为优秀（20%），按照19元/亩补贴；②考核结果为良好（40%），按照13元/亩；③考核结果为合格（40%），按照10元/亩；④考核结果为不合格（个别），不补助。通过设置不同的补贴标准，逐步导向各级政府逐渐加大重视农田水利工程运行管理。

2. 经费来源和资金管理

浦江出台《浦江县农业水价综合改革精准补贴和节水奖励办法（试行）》（见图5.17），内容应包括补贴对象、程序及形式、补贴的金额、经费来源及资金管理办法，确保农业用水精准补贴原则上用于末级渠系工程的维修养护。各级政府强化财务管理，健全财务制度，乡镇、村级财务设立“农业水价综合改革”专项，做到专款专用，财会人员应做到账目清楚，每年编制年度财务预算计划和年终财务结算报告。

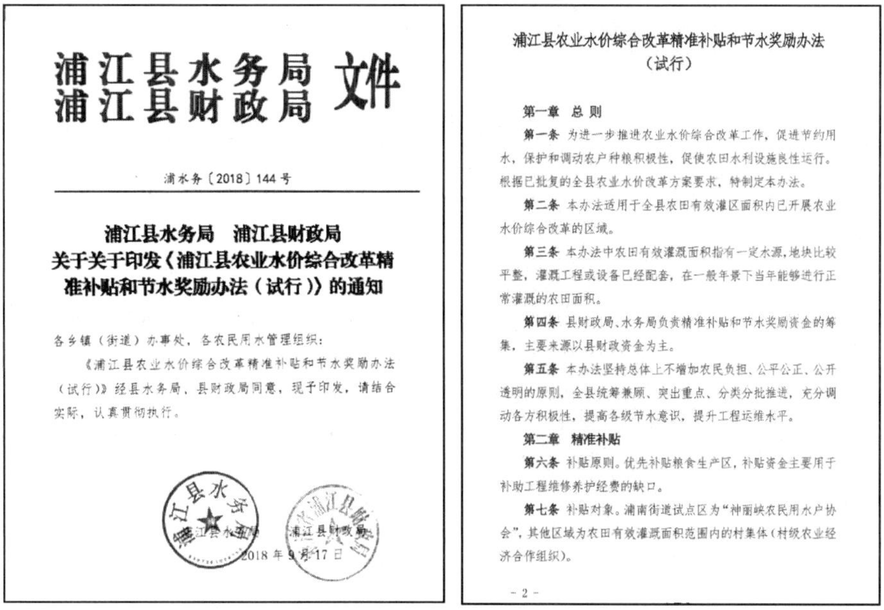

浦江县水务局
浦江县财政局
文件

浦水务〔2018〕144号

浦江县水务局　浦江县财政局
关于关于印发《浦江县农业水价综合改革精准补贴和节水奖励办法（试行）》的通知

各乡镇（街道）办事处，各农民用水管理组织：

《浦江县农业水价综合改革精准补贴和节水奖励办法（试行）》经县水务局、县财政局同意，现予印发，请结合实际，认真贯彻执行。

浦江县水务局　浦江县财政局

2018年9月17日

浦江县农业水价综合改革精准补贴和节水奖励办法
（试行）

第一章　总则

第一条　为进一步推进农业水价综合改革工作，促进节约用水，保护和调动农户种粮积极性，促使农田水利设施良性运行。根据已批复的全县农业水价改革方案要求，特制定本办法。

第二条　本办法适用于全县农田有效灌区面积内已开展农业水价综合改革的区域。

第三条　本办法中农田有效灌溉面积指有一定水源，地块比较平整，灌溉工程或设备已经配套，在一般年景下当年能够进行正常灌溉的农田面积。

第四条　县财政局、水务局负责精准补贴和节水奖励资金的筹集，主要来源以县财政资金为主。

第五条　本办法坚持总体上不增加农民负担、公平公正、公开透明的原则，全县统筹兼顾、突出重点、分类分批推进，充分调动各方积极性，提高各级节水意识，提升工程运维水平。

第二章　精准补贴

第六条　补贴原则。优先补贴粮食生产区，补贴资金主要用于补助工程维修养护经费的缺口。

第七条　补贴对象。浦南街道试点区为“神丽峡农民用水户协会”，其他区域为农田有效灌溉面积范围内的村集体（村级农业经济合作组织）。

－2－

图5.17 《浦江县农业水价综合改革精准补贴和节水奖励办法（试行）》

5.6.3 农业节水奖励机制

在农业用水总量控制和定额管理的基础上，建立农业节水奖励机制，对采取节水措施、用水集约管理和计量控制的农户、放水员、新型农业经营主体或农民用水合作组织给予奖励，提高主动节水的积极性。

5.6.3.1　基本原则

根据农业水价综合改革相关文件精神，确定农业用水节水奖励机制建立的原则如下。

（1）安装计量设施的灌区（片）以节水量作为节水奖励的依据，根据节水奖励标准计算奖励金额；其他未安装计量设施的灌区（片）则以工程管护和用水管理考核结果作为节水奖励的依据。

（2）节水奖励对象范围为促进农业灌溉节约的放水员、农民用水合作组织或新型农业经营主体用水户。

（3）节水奖励办法要简单可行、便于操作、群众易接受。

5.6.3.2　奖励对象、程序及形式

1. 奖励对象

本着实行"一把锄头放水"，因为放水员是节约用水的关键，所以浦江县集中统一把村级放水员（水务员）作为奖励对象。

2. 奖励程序

节水奖励实行"先考核后奖励"的方式，灌溉季结束后，各乡镇对所辖行政村综合考核，根据各村节水情况，每个乡镇按 20％优秀、40％良好的比例报送行政村名单材料至县水务局。县水务局根据乡镇考核结果，按照优秀乡镇中的优秀村奖励 5 元/亩、良好村奖励 3 元/亩、剩下村不奖励，非优秀乡镇中的优秀村奖励 3 元/亩、良好村奖励 2 元/亩、剩下村不奖励。县水务局资金统计、审核通过后，由县水务、财政联合发文，划拨资金，根据考核结果逐级下发到放水员。

3. 奖励形式

节水奖励主要以资金的形式进行奖励，各乡镇、村集体还可以结合地方实际，因地制宜，制定符合地方的奖励方式，激发放水员管水的责任心，调动农户参与农田水利管理的积极性。

节水奖励资金发放流程图如图 5.18 所示。

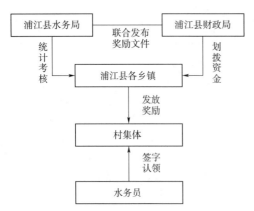

图 5.18　节水奖励资金发放流程图

5.6.3.3　奖励标准、经费来源和资金管理

1. 奖励标准

根据综合考核结果，县级确定 20％优秀乡镇，各乡镇确定 20％优秀村和 40％良好村。根据各级综合考核档次，确定放水员奖励标准及资金。其中抛荒、未正常灌溉等非节水因素减少的用水量不列入节水奖励统计范围，计算方法如下：

$$奖励资金 = 奖励标准 \times 管理面积$$

结合县域实际，一方面考虑到全县推开时可操作性，节水奖励控制在放水员工资 20％左右可调动积极性；另一方面考虑乡镇之间及各乡镇的行政村之间有争优效应。浦江县节水奖励标准见表 5.20。

表 5.20　　　　　　　　　　　　　　浦江县节水奖励标准

县级考核乡镇	乡镇考核村级	节水档次	奖励标准/（元/亩）
一般	良好	1档	2
	优秀	2档	3
优秀	良好	1档	3
	优秀	2档	5

2. 经费来源和资金管理

农业水价综合改革节水奖励资金主要来源于县级财政，实施过程中县水务局和县财政局联合出台了《浦江县农业水价综合改革精准补贴和节水奖励办法（试行）》，稳定节水奖励资金来源，规范节水奖励标准、奖励流程、资金管理等内容。节水奖励资金发放时，列入各级"农业水价综合改革专账"的节水奖励子项中，逐级划拨至村级，放水员到村签字认领，签字作为支付凭证留档。

5.6.4　分级管理考核机制

5.6.4.1　基本原则

根据农业水价综合改革相关文件精神，确定考核机制建立的原则如下。

（1）考核机制坚持政策导向为主、考核为辅，分级、分类考核相结合。

（2）评价结果纳入粮食安全、最严格水资源管理、乡镇年度综合考核等考核内容。

5.6.4.2　考核方式

采用"县-乡镇-村"线下考核方式，出台了《浦江县农业水价综合改革工作考评办法（试行）》（见图 5.19），建立考核结果与精准补贴、节水奖励相关的评价办法，内容包括考核对象、考核方式、考评结果及考核奖励等。实现县、乡镇、村、放水员分级，考核结果与补贴标准直接挂钩。

5.6.4.3　考核方法、程序与结果

1. 考核方法

考核工作采取资料审查与现场抽查相结合的方式。

2. 考核程序

（1）上交资料。每年 10 月 15 日前，各村集体（协会）上交年度运行管理资料到乡镇，经乡镇汇总形成年度农业水价综合改革总结报告，并附相关佐证材料，10 月底前，上交县水价办。

（2）资料审核。县水价办结合日常监督检查情况，对乡镇资料进行审核。

（3）现场核实。县水价办随机抽取村集体，每个乡镇 1～2 个，组织进行实地考察、核实。

（4）综合评定。县水价办对资料审核和现场复核结果进行评议，对照评价指标打分并确定考核等级。

结果公布。考核结果于当年 11 月底前由县水价办发文公布。

3. 考核结果

综合考核结果根据考核指标打分（百分制），60 分及以上为合格，全县考核合格的各

乡镇按照得分高低排名，20%（前 3 名）为优秀，40%（第 4～9 名）为良好，40%（第 10～15 名）为合格，低于 60 分的为不合格。

　　浦江县农业水价综合考核流程图如图 5.20 所示。

图 5.19　《浦江县农业水价综合改革工作考核办法（试行）》

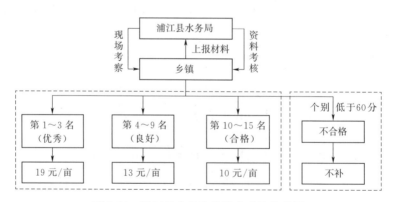

图 5.20　浦江县农业水价综合考核流程图

5.7　改革经验及成效

　　2016 年浦江县被列入浙江省第一批农业水价综合改革试点，以通济桥水库灌区为重点，积极探索山丘区农业水价改革的做法。2017 年以点扩面，总结提出浦江模式；2018 年在全省率先在全域推开农业水价综合改革，被评为全省农业水价综合改革工作绩效优秀县；2019 年全国农村水利水电工作会议在浦江召开，浦江县作了农业水价综合改革经验的典型发言；2020年完成所有改革任务，顺利通过省市组织的农业水价综合改革验收。主要改革经验总结如下。

5.7.1 试点先行、摸索改革经验

农业水价综合改革工作涉及面广，政策性强，必须加强组织领导，科学制订方案，完善配套措施，做好宣传引导。浦江自2016年被列为浙江省第一批农业水价综合改革试点县后，建立了以县政府分管领导为组长，水利牵头，发展改革、财政、农业等部门共同参与的改革领导小组，负责制订改革方案，明确任务，细化责任落实，协调解决改革中的重大问题。

充分考虑浦江县丘陵地区农业灌溉的特点，结合农业种植业结构、水利设施特点、农民管理水平、水资源分布等因素，突出可操作性，按"能统则统、难统则分"原则，合理划分改革单元，因地制宜、建管并重、综合施策，确定"加强终端用水管理，建立长效运维机制"的工作目标，拟定"完善农田水利工程体系，探索农业水价形成机制，建立农业精准补贴和节水奖励机制"三大措施，引导农民节约用水、优化种植结构。

为摸索改革经验，改革之初选择通济桥水库中型灌区浦南三村灌片2100亩农业园区开展试点示范工作，组建农民用水户协会，完善水计量设施，实行"总量控制、定额管理"落实"精准补贴、节水奖励"政策，实现节水减排和末级渠系管护的标准化、精细化、长效化，取得了水稻节水增产、葡萄品质提升、生态环境改善的良好成效。

5.7.2 建章立制、完善改革机制

为将试点"盆景"变为全县农业水价改革的"风景"，实现"建得成、管得好、用得久"的目标，在试点成功的基础上，以建章立制为重点，不断完善改革机制。近年来，相继出台了《浦江县农业水价综合改革水价价格核定管理办法（试行）》《浦江县农业水价综合改革精准补贴和节水奖励办法（试行）》《浦江县农业水价综合改革工作考核办法（试行）》，进一步健全水价形成、精准补贴、考核奖励制度。实施农田水利设施产权和管护制度改革，明确农田水利设施的责任主体，落实管护责任和经费，确保农田水利的良性运行，管好农田水利的"命脉"。建立科学合理的农业水价形成机制和政府财政转移支付办法，既调动农民参与改革的积极性，增强农民的节水意识，总体上又不增加农民负担。

（1）建立总量控制与定额管理相结合的农业用水管理机制。以自流灌溉方式为主的浦南灌片，发挥农民用水户协会的作用，抓住"放水员"这个关键着力点，实施"一把锄头放水"管理；以浦阳江提水灌溉为主的曹街等村，依托现有的农业专业经济合作社为用水管理组织，实行总量控制，计量到户，科学灌溉；高效节水灌溉和自流灌溉相结合的金氏农业基地和周边散户，实行以基地为龙头、村用水代表共同管理的管理模式。在全县18个典型灌区安装42套自动量水设施，在村主要进水口安装410处简易量水设施，通过合理水权分配，实现农田灌溉"总量控制、定额管理"。

（2）建立农业水价改革定价调价与奖补机制。以典型田块为主，采用"简便节约、公开透明"的量水方法，配套田间用水计量设施，落实计量人员。区别粮食作物和经济作物、自流灌区和提水灌区、定额内用水和超定额用水等因素，实行分类水价和超定额累进加价制度。定额内为补贴性水费，超定额20%以内为成本水价的1.0倍，超定额20%以

上为成本水价的 1.5 倍。建立农业节水奖励和用水精准补贴机制，根据定额内节水量，对农民用水组织和放水员给予奖励，对超定额用水量则累进加价。县财政以每年平均 10 元/亩的精准补助、平均 5 元/亩的节水奖励标准，保障终端用水管理组织长效运行。

（3）完善农田水利建设与管理机制。新建项目要求同步配套计量设施。通过"民办公助、先建后补"等方式，引导受益群众自愿申报、自主建设小型农田水利项目。已建项目对末级渠系、提水泵站进行提升改造。继续实施高效节水项目，对经营主体和农户给予农业节水技术改造项目补助，为农业水价综合改革夯实基础。持续深化小型水利工程产权制度改革，出台《浦江县小型水利工程产权确权和移交管理办法》，明确管护主体，落实管护责任，完善工程管护制度，保障长效良性运行。

（4）建立分级分类工作考核机制。出台《浦江县农业水价综合改革工作考核办法》，建立"县—乡镇、乡镇—行政村、行政村—放水员"三级考核机制，重点考核灌区定额管理和节水用水、农田水利设施管理水平等，考核结果纳入县政府对乡镇开展"五水共治"、粮食安全行政首长责任制落实、最严格水资源管理制度等工作的综合考核，确保农业水价综合改革全面落地见效。

5.7.3　全域覆盖、改革成效显著

通过浦南三村示范区改革试点，总结经验，形成可复制可推广的"浦江做法"，之后由点及面，迅速复制到各乡镇，至 2019 年，实现全县 20.43 万亩有效灌溉面积农业水价综合改革全覆盖，并取得显著成效。

根据典型区块用水评估，按照全县实际有效灌溉面积估算，可实现灌溉节水近 2000 万 m^3，节水效益明显；全县水稻种植 10 万多亩，可增产 200 多万 kg。蔬菜、水果等经济作物，特别是葡萄的品质提高，吸引外来客商抢购，全县葡萄种植可增收上亿元，真正实现农业增效、农民增收，经济效益显著。通过高效节水灌溉、水稻蓄雨间歇灌溉等节水技术和种植技术的推广，改变农业生产粗放用水方式，有效减少了灌溉渗漏量和灌溉用水量，进而减少农业灌溉用水排入河网量，有效避免农村水体富营养化，改善了农村水生态环境。农田水利基础设施进一步完善，水事纠纷大大减少，实现了水资源优化配置、高效利用。田园更加整洁美丽，水生态环境质量得到大幅提升。

参 考 文 献

查尔斯·M. 蒂布特，吴欣望，2003. 一个关于地方支出的纯理论 [J]. 经济社会体制比较 (6):37 - 43.

常瑜，刘彤瑶，2016. 产权理论研究综述 [J]. 商场现代化 (18)：236 - 237.

常宇方，2017. 农业补贴政策及其重要性分析 [J]. 财讯 (36)：150 - 151.

陈新业，2010. 水资源价格形成机制与路径选择研究 [J]. 探索 (1)：92 - 96.

陈耀邦，2005. 三农问题理论与实践. 水利水电水务卷 [M]. 北京：人民日报出版社.

丛振涛，倪广恒，2006. 生态水权的理论与实践 [J]. 中国水利 (119)：21 - 24.

代源卿，2014. 我国水价规制的理论与实证研究 [D]. 聊城：聊城大学：38 - 42.

丁小明，李磊，2005. 污水水权的探讨 [J]. 技术经济 (7)：12 - 14.

杜欣月，2011. 马克思产权理论与西方产权理论的主要分歧及其现实意义 [J]. 经济研究导刊 (27)：1 - 2, 49.

高鸿业，1994. 私有制、科斯定理和产权明晰化 [J]. 当代思潮 (5)：10 - 16.

高俊峰，2015. 小型农田水利工程运行管护的问题研究 [J]. 时代农机，42 (6)：90, 92.

葛颜祥，胡继连，解秀兰，2002. 水权的分配模式与黄河水权的分配研究 [J]. 山东大学学报，4：35 - 39.

顾斌杰，刘云波，陈华堂，2014. 深化小型农田水利工程产权制度改革 [J]. 水利发展研究 (11)：8 - 12.

韩小清，2000. 产权理论研究状况综述 [J]. 山东社会科学 (5)：46 - 48.

胡德胜，2006. 水人权：人权法上的水权 [J]. 河北法学 (5)：17 - 24.

黄辉，2010. 水权：体系与结构的重塑 [J]. 上海交通大学学报 (哲学社会科学版)，18 (3)：28 - 29.

黄锡生，2005. 水权制度研究 [M]. 北京：科学出版社.

姜文来，2001. 水权的特征与界定 [C] //21 世纪中国水价、水权和水市场建设研讨会. 中国水利经济研究会.

康绍忠，2019. 贯彻落实国家节水行动方案 推动农业适水发展和绿色高效节水 [J]. 中国水利 (13)：1 - 6.

孔欣，2002. 边际效用理论述评 [J]. 辽宁商务职业学院学报 (4)：91 - 92.

李雪松，2014. 中国式分权与农村公共品供给、农业经济增长绩效研究 [D]. 重庆：重庆大学.

李雪松，2006. 中国水资源制度研究 [M]：武汉：武汉大学出版社：345.

李友辉，董增川，孔琼菊，2007. 江西省水资源生态服务功能价值评价 [J]. 江西农业学报，19 (1)：95 - 98.

刘敏，2015. 农田水利工程管理体制改革的社区实践及其困境——基于产权社会学的视角 [J]. 农业经济问题，36 (4)：78 - 86.

刘学敏，2008. 资源经济学 [M]. 北京：高等教育出版社.

柳一桥，2017. 美国、法国和以色列农业水价管理制度评析及借鉴 [J]. 世界农业 (12)：93 - 98.

米松华，2003. 建立黑龙江省新型水资源补偿机制的研究 [D]. 哈尔滨：东北林业大学：26 - 30.

倪红珍，2007. 水经济价值与政策影响研究 [D]. 北京：中国水利水电科学研究院：7 - 8.

宁立波，徐恒力，2004. 水资源自然属性和社会属性分析 [J]，地理与地理信息科学 (1)：60 - 62.

裴丽萍，2001. 水权制度初论 [J]. 中国法学 (2)：91 - 102.

彭聘龄，2003. 普通心理学 [M]. 北京：北京师范大学出版集团：329 - 330.

蒲国蓉，李轩，2005. 产权，市场交易的基础——关于产权的理论综述 [J]. 特区经济 (5)：288 - 289.

屈斐，2013. 西方产权理论研究综述 [J]. 知识经济 (6)：6－7.

阮本清，梁瑞驹，王浩，等，2001. 流域水资源管理 [M]. 北京：科学出版社.

沈大军，2007. 水资源配置理论、方法与实践 [M]. 北京：中国水利水电出版社.

沈建芳，姚华锋，2005. 关于产权理论的研究综述 [J]. 沿海企业与科技 (5)：1－2.

沈满洪，陈锋，2002. 我国水权理论研究述评 [J]，浙江社会科学 (5)：175－180.

石玉波，2001. 关于水权和水市场的几点认识 [J]. 中国水利 (2)：31－32.

苏渊，2008. 内蒙古自治区水资源价格制度研究-以巴盟河套灌区为例 [D]. 呼和浩特：内蒙古农业大学：12－14.

孙敏，2003. 水资源价格理论及城市饮用水资源价格研究 [D]，南京：河海大学：32－34.

汤莉，2006 农业灌溉水价核算方法研究 [D]. 乌鲁木齐：新疆农业大学：15－17.

汪林，甘泓，倪红珍，2009. 水经济价值及相关政策影响分析 [M]. 北京：中国水利水电出版社：34－36.

汪恕诚，2003. 资源水利——人与自然和谐相处 [M]. 北京：中国水利水电出版社.

王丙毅，2019. 水权界定、水价体系与中国水市场监管模式研究 [M]. 北京：经济科学出版社.

王丛虎，2014. 创新适应公有制多种实现形式的产权保护制度 [N]. 经济日报，2014－11－27 (008).

王冠军，陈献，柳长顺，等，2010. 新时期我国农田水利存在问题及发展对策 [J]. 中国水利 (5)：10－14.

王冠军，柳长顺，王健宇，2015. 农业水价综合改革面临的形势和国内外经验借鉴 [J]. 中国水利 (18)：14－17.

王浩，2007. 中国水资源与可持续发展（第四卷）[M]. 北京：科学出版社.

王健宇，柳长顺，刘小勇，等，2015. 小型农田水利工程产权制度改革研究——理论模式及实践形式 [J]. 中国水利 (2)：17－20.

王凯军，2015. 现代西方产权理论研究综述 [J]. 合作经济与科技 (20)：53－54.

王雷，2017. 马克思所有制理论与西方产权理论的比较 [J]. 河南科技学院学报，37 (3)：74－80.

王利平，1999. 关于"产权"理论研究综述 [J]. 中南民族学院学报（哲学社会科学版）(S1)：78－80.

王晓东，刘文，黄河，2007. 中国水权制度研究 [M]. 郑州：黄河水利出版社.

王亚华，2007. 关于我国水价、水权和水市场改革的评论 [J]. 中国人口·资源与环境 (5)：153－158.

王亚华，2005. 水权解释 [M]. 上海：上海人民出版社.

王瑗，盛连喜，李科，等，2008. 中国水资源现状分析与可持续发展对策研究 [J]. 水资源与水工程学报，6 (3)：10－14.

王宗志，胡四一，2011. 流域初始水权分配及水量水质调控 [M]. 北京：科学出版社.

魏广华，2019. 小型农田水利工程现状及治理管护措施研究 [J]. 四川水利，40 (3)：109－112.

吴燕，2005. 西方产权理论综述 [J]. 金融经济 (18)：92－93.

熊峥，2021.《家庭、私有制和国家的起源》中两种生产理论的研究 [D]. 桂林：广西师范大学.

徐旭初，吴儒雅，吴彬，2021. 农村集体产权秩序重构——一个新的分析框架 [J]. 江苏农业科学，49 (8)：234－242.

闫海峰，2015. 新制度经济学视角下的产权制度理论综述 [J]. 赤峰学院学报（自然科学版），31 (16)：99－100.

袁记平，2008. 饮用水权的法律探析 [J]. 环境保护，16：16－18.

袁汝华，朱九龙，陶晓燕，等，2002. 影子价格法在水资源价值理论测算中的应用 [J]. 自然资源学报，17 (6)：757－761.

张超，2007. 工程供水边际成本定价分析 [J]. 人民黄河，29 (11)：8－10.

张务伟，2011. 中国城乡劳动力市场非均衡问题研究 [D]. 泰安：山东农业大学.

张永杰，2017. 小型农田水利工程产权制度改革研究 [J]. 现代经济信息 (23)：78.

赵红梅，2004. 水权属性与水权塑造之法理论分析［J］. 郑州大学学报（哲学社会科学版），3：23 - 24.

赵建梅，2021. 新时期小型农田水利工程建设问题与应对措施［J］. 农业开发与装备（7）：149 - 150.

赵鹏，2020. 产权社会视角下水利水保工程管理体制改革研究［J］. 中小企业管理与科技（中旬刊）（10）：20 - 21.

中国灌溉排水发展中心，2015. 2015 年中国灌溉排水发展研究报告［R］. 北京：中国灌溉排水发展中心.

中华人民共和国水利部，2017. 2017 年中国水资源公报［M］. 北京：中国水利水电出版社.

周妍，2007. 水资源定价研究［D］. 天津：天津大学：15 - 16.

周叶胜，胡帮勇，2015. 农村金融发展理论的演变历程及对我国的启示［J］. 商（15）：205 - 206.

Hervés - Beloso C，Moreno - García E，2021. Revisiting the Coase theorem［J］. Economic Theory（3）：1 - 18.

Medema S G，2020. The Coase Theorem at Sixty［J］. Journal of Economic Literature，58（4）：1045 - 1128.